Jose-Ernesto Gomez-Balderas

Localisation et commande embarquée d'un drone en utilisant la vision

Jose-Ernesto Gomez-Balderas

Localisation et commande embarquée d'un drone en utilisant la vision

Conception et développement du système

Presses Académiques Francophones

Mentions légales / Imprint (applicable pour l'Allemagne seulement / only for Germany)
Information bibliographique publiée par la Deutsche Nationalbibliothek: La Deutsche Nationalbibliothek inscrit cette publication à la Deutsche Nationalbibliografie; des données bibliographiques détaillées sont disponibles sur internet à l'adresse http://dnb.d-nb.de.
Toutes marques et noms de produits mentionnés dans ce livre demeurent sous la protection des marques, des marques déposées et des brevets, et sont des marques ou des marques déposées de leurs détenteurs respectifs. L'utilisation des marques, noms de produits, noms communs, noms commerciaux, descriptions de produits, etc, même sans qu'ils soient mentionnés de façon particulière dans ce livre ne signifie en aucune façon que ces noms peuvent être utilisés sans restriction à l'égard de la législation pour la protection des marques et des marques déposées et pourraient donc être utilisés par quiconque.

Photo de la couverture: www.ingimage.com

Editeur: Presses Académiques Francophones est une marque déposée de
Südwestdeutscher Verlag für Hochschulschriften GmbH & Co. KG
Heinrich-Böcking-Str. 6-8, 66121 Sarrebruck, Allemagne
Téléphone +49 681 37 20 271-1, Fax +49 681 37 20 271-0
Email: info@presses-academiques.com

Produit en Allemagne:
Schaltungsdienst Lange o.H.G., Berlin
Books on Demand GmbH, Norderstedt
Reha GmbH, Saarbrücken
Amazon Distribution GmbH, Leipzig
ISBN: 978-3-8381-8878-2

Imprint (only for USA, GB)
Bibliographic information published by the Deutsche Nationalbibliothek: The Deutsche Nationalbibliothek lists this publication in the Deutsche Nationalbibliografie; detailed bibliographic data are available in the Internet at http://dnb.d-nb.de.
Any brand names and product names mentioned in this book are subject to trademark, brand or patent protection and are trademarks or registered trademarks of their respective holders. The use of brand names, product names, common names, trade names, product descriptions etc. even without a particular marking in this works is in no way to be construed to mean that such names may be regarded as unrestricted in respect of trademark and brand protection legislation and could thus be used by anyone.

Cover image: www.ingimage.com

Publisher: Presses Académiques Francophones is an imprint of the publishing house
Südwestdeutscher Verlag für Hochschulschriften GmbH & Co. KG
Heinrich-Böcking-Str. 6-8, 66121 Saarbrücken, Germany
Phone +49 681 37 20 271-1, Fax +49 681 37 20 271-0
Email: info@presses-academiques.com

Printed in the U.S.A.
Printed in the U.K. by (see last page)
ISBN: 978-3-8381-8878-2

UNIVERSITÉ DE TECHNOLOGIE DE COMPIÈGNE

UTC
TECHNOLOGIES DE L'INFORMATION ET DES SYSTÈMES

THÈSE

pour obtenir le titre de

Docteur en Sciences

de l'Université de Technologie de Compiègne

Présentée et soutenue par

José-Ernesto GOMEZ-BALDERAS

Localisation et commande embarquée d'un drone en utilisant la vision

Thèse dirigée par Rogelio LOZANO
et Pedro CASTILLO

préparée à l'Université de Technologie de Compiègne

Soutenue le 28 novembre 2011

Jury :

Rapporteurs :	Yasmina BESTAOUI	-	Université d'Evry
	Claude PEGARD	-	Université d'Amiens
Examinateurs :	Isabelle FANTONI	-	Université de technologie de Compiègne
	Pascal VASSEUR	-	Université d'Amiens
Directeurs :	Rogelio LOZANO	-	Université de technologie de Compiègne
	Pedro CASTILLO	-	Université de technologie de Compiègne
Invitée :	Marie-Catherine PALAU	-	EADS astrium

Remerciements

J'adresse en premier lieu tous mes remerciements au Conseil National de Science et Technologie du Mexique (CONACYT), qui a financé ma thèse.

Je tiens à remercier Madame Yasmina BESTAOUI et Monsieur Claude PEGARD de m'avoir fait l'honneur d'accepter d'être les rapporteurs de ma thèse. Merci de votre disponibilité pour la lecture de ce mémoire et d'avoir accepté de juger cette thèse. C'est un grand honneur pour moi que Monsieur Pascal VASSEUR et Madame Isabelle FANTONI font partie de mon jury. Je leur adresse mes remerciements les plus sincères.

Je tiens à exprimer ma profonde gratitude et mes sincères remerciements à Monsieur le Professeur Rogelio LOZANO mon directeur de thèse. Grâce à sa disponibilité, son savoir-faire et ses conseils, il m'a permis de réaliser cette thèse dans les meilleures conditions.

Je remercie également Pedro CASTILLO pour son encadrement.

Je tiens à témoigner toute ma gratitude et mes remerciements à ma famille :
• À mon père pour m'enseigner ce qu'est la vie, il ne s'agit pas de la prévoir mais de la rendre belle.
  (A mi padre, por enseñarme que hay que esforsarze para triunfar en la vida).

• À ma mère pour me transmettre sa force inépuisable de vivre.
  (A mi madre, por transmitirme su fuerza inagotable para vivir).

• À mon frère pour me montrer que la vie est pleine de bonheur.
  (A mi hermano, por enseñarme la alegría de la vida).

• À ma princesse Cindy de faire partie de ma vie et de partager mes rêves.
  (A Cindy, por formar parte de mi vida y de mis sueños).

• À mon grand-père pour m'expliquer à sa façon, la vérité de la vie.
  (A mi abuelito, que me ha explicado la verdad de la vida a su manera).

• À ma grand-mère pour me montrer que toute la vie, on doit travailler.
  (A mi abuelita, que me mostrado que en la vida hay que trabajar)

• À mon Dieu qui me permet de connaitre le bonheur de la vie.
  (A mi Dios que me ha llenado de bendiciones).

• Aux GOMEZ et aux BALDERAS, pour leur convivialité humaine.
  (A mis familias que siempre me han apoyado).

merci de m'encourager et de me soutenir malgré la distance qui nous a séparé tout au long de ma thèse.

Je remercie vivement le programme i-doc de l'UTC qui m'a permis de gérer ma thèse en tant que chef de projet et de développer les prises d'initiatives et une certaine autonomie. Ce programme m'a donné l'opportunité de présenter mes travaux de recherche au sein de l'entreprise EADS avec le soutien de Madame Marie-Catherine PALAU que je remercie pour son aide, sa sympathie et pour l'intérêt qu'elle a porté à ce travail. Également, je remercie mon accompagnateur UTC, Madame Catherine MARQUE pour ses conseils judicieux et pour sa gentillesse.

Un grand merci à Madame Chantal PEROT directrice de l'école doctorale et Monsieur Bruno MAJOT d'avoir abandonné un moment leur domaine d'excellence pour respectivement, participer à ce programme.

Je témoigne également ici, toute ma reconnaissance aux collègues du laboratoire Alfredo GUERRERO, Sergio SALAZAR, Harold V. MCINTOSH, Hugo MONROY qui m'ont prodigué de nombreux conseils et encouragé dans mes travaux de recherche.

Je voudrais exprimer ma reconnaissance envers les amis et collègues qui m'ont apporté leur soutien moral et intellectuel tout au long de ma démarche, Hugo, Juan, Lydie, Chavo, Guillaume, Duc Anh, Sawsan, Marion, Corentin, Luis Puig, Ever, Batoul, Abdelkrim, Dorothée, Mike, Anne-Fleur, Morganne, Christian, Hanni, Irene, Juan, Angel, Horacio, Anna, Isabelle, Silvain, Greg, Konrad, Marinela, Oana, Raluca, Rumanescus.

Je suis extrêmement reconaissant à la famille BARILLOT : Yves, Catherine, Amandine et ma princesse qui m'ont apporté la chaleur d'une famille et qui ont compensé l'absence de ma famille.

Un remerciement infini à ma princesse qui a bien voulu relire cette étude pour en chasser les erreurs de frappes et/ou d'orthographe. Merci de m'avoir soutenu en permanence et d'avoir rendu plus beau non seulement ce manuscrit mais aussi de nombreux instant de ma vie.

Mes remerciements s'adressent aussi aux personnes de l'UTC, O. LECLERC, M. MARCHANDISE, C. LEDENT, S. VIDAL, N. ALEXANDRE, I. MARTIN, V. MOISAN, P. TRIGANO, B. LUSSIER, pour toute l'aide qu'ils m'ont apportée pendant mon séjour dans le laboratoire HEUDIASYC. Je remercie également l'ensemble du personnel de l'école doctorale et à celui qui lit cette ligne.

Enfin tous ceux qui m'ont accompagné durant cette période soient certains d'avoir gravés leur souvenir dans mon coeur.

Table des matières

Table des figures

Liste des tableaux

Introduction

Un des problèmes fondamentaux des véhicules aériens autonomes est la localisation du véhicule. Les capteurs couramment employés pour la localisation de véhicules aériens sont les gyroscopes mécaniques ou électromécaniques et les centrales inertielles, pour la localisation relative et le GPS pour la localisation absolue. L'utilisation de ces capteurs pour la localisation des véhicules aériens miniatures pose quelques problèmes. L'autonomie est l'un des avantages majeurs de ces véhicules. Il devient alors nécessaire de développer des capteurs particuliers permettant de fournir des fonctions de navigation efficaces. Leur autonomie nécessite des fonctionnalités telles que la capacité à estimer leur position ou leur attitude afin de commander leur stabilité, les gyroscopes donnent des mesures très précises mais sont relativement lourds et onéreux. Les centrales inertielles sont composées principalement d'accéléromètres et de gyromètres. Il existe des centrales inertielles miniatures à bas coût mais elles ne sont pas très précises et elles ont l'inconvénient d'avoir des dérives compliquant considérablement le problème de stabilisation du véhicule. Les centrales inertielles qui utilisent des gyromètres laser sont très précises mais chères et lourdes. Par ailleurs, le GPS ne fournit pas des informations précises dans un milieu urbain. L'objectif du travail de thèse est d'étudier l'estimation de la localisation du véhicule aérien en utilisant la vision. Concrètement la vision sera utilisée pour détecter des repères dans l'environnement de travail du véhicule aérien de manière à estimer sa position et principalement son orientation par rapport à la verticale. La modélisation dynamique non linéaire des véhicules aériens sans pilote UAV (Unmanned Autonomous Vehicles) fait partie du cahier des charges de la thèse.

Le travail de thèse comporte également la synthèse de lois de commandes non linéaires qui devront prendre en compte les restrictions physiques du véhicule aérien. De plus la mise en oeuvre de la stratégie de commande devra respecter les aspects de sécurité propres aux essais avec des UAV. Étant donné qu'il n'existe pas une manière spécifique de choisir un contrôleur pour un système complètement incertain, il est possible d'apporter une certitude minimale en boucle fermée stable. Par conséquent, il est possible d'assurer la stabilité du drone en travaillant à partir d'un modèle dynamique avec des erreurs de modélisation réduites. D'un point de vue pratique, l'objectif est d'obtenir une architecture informatique pour la gestion de la lecture des capteurs, de la communication entre le véhicule et la station au sol, et du calcul de la loi de commande.

Ce document présente d'une manière claire les connaissances acquises et les idées qui m'ont aidé à résoudre les problèmes en considérant les aspects techniques et scientifiques nécessaires.

1.1   Organisation de la thèse

Ce document est organisé de la manière suivante :

– **Chapitre 1. Introduction.** Dans ce chapitre, le contexte de la thèse et les problèmes fondamentaux des véhicules aériens sont présentés

– **Chapitre 2. État de l'art.** Les différentes techniques d'asservissement visuel son décrites et l'état de l'art de la commande d'engins volants par asservissement visuel est présenté. Nous nous intéressons en particulier au choix des informations visuelles, aux stratégies de commande et aux types de lois de commande utilisées.

– **Chapitre 3. Vision tri-dimensionnelle par ordinateur.** La théorie de la vision tri-dimensionnelle est abordée, en passant de la géométrie de l'image à la géométrie projective. Les espaces et la géométrie affines, l'espace euclidien, les mouvements d'un corps et la représentation homogène sont présentés.

– **Chapitre 4. Modélisation et calibration des caméras.** Dans ce chapitre, nous présentons les modèles de la caméra et les principes de la vision stéréoscopique.

– **Chapitre 5. Modèle dynamiques des drones.** La représentation dynamique d'un objet volant est bien sûr un des premiers objectifs à résoudre avant le développement de la stratégie de commande. Les objets volants considérés sont des objets solides qui se déplacent dans un environnement (3D) et sont influencés par des forces et des couples appliqués sur le fuselage. Nous exprimons la modélisation dynamique avec le formalisme de Newton-Euler.

– **Chapitre 6. Lois de commande.** Ce chapitre présente l'application de deux contrôleurs non-linéaires pour la stabilisation d'un mini hélicoptère à quatre hélices ou quadrirotor. Un contrôleur pour la stabilisation d'un véhicule aérien à huit rotors est également considéré. Les stratégies de commande sont basées sur la technique des saturations emboîtées, prenant en compte la bornitude des entrées de commande. Pour le modèle complet du quadrirotor, la convergence de l'état initial vers zéro a été établie par l'analyse de Lyapunov.

– **Chapitre 7. Plateforme expérimentale et Résultats expérimentaux.** Le principal objectif de ce chapitre est de décrire le logiciel et le matériel utilisé pour développer une plateforme autopilotée à bas coût. Les systèmes de commande à bas coût sont contraints par l'espace disponible pour l'implémentation, la puissance de calcul minimale requise, la capacité de mémoire, le nombre et la nature des entrées/sorties ainsi que par l'obligation de la miniaturisation des capteurs. Le principal objectif est d'embarquer une partie matérielle et une partie logicielle efficace, en utilisant les capteurs appropriés permettant le vol stationnaire du quadrirotor (X4-τ). D'autre part, l'utilisation de la vision par ordinateur pour la localisation et l'estimation de la vitesse d'un quadrirotor et d'un hélicoptère à huit rotors ont été explorés. Les méthodes proposées montrent des résultats acceptables pour l'estimation de la localisation de l'engin volant. Les lois de commande ont été validées de façon expérimentale en temps réel en utilisant notre quadrirotor (X4-τ).

- **Chapitre 8. Conclusions et perspectives.** Ce chapitre présente les conclusions de notre travail et propose quelques perspectives.

État de l'art

D'un point de vue général, mon travail de thèse est basé sur deux axes fondamentaux : les sujets de recherches liés à la commande automatique et ceux liés à la vision par ordinateur. Ce travail a nécessité des compétences interdisciplinaires : électronique, dynamique, aéronautique, aérodynamique et mécanique. Les travaux présentés dans ce mémoire ont été construits en trois étapes :

1. La première étape consiste en la spécification et l'élaboration des concepts de base.

2. La deuxième étape repose sur le formalisme mathématique de ces concepts.

3. La dernière étape regroupe l'ensemble des expériences assurant la vérification des théories proposées.

Ces étapes m'ont aidé à maitriser les bases des disciplines nécessaires pour maitriser les aspects théoriques. Différentes études ont réussi a montrer la linéarité de la commande, définie initialement comme non linéaire. Les lois de commandes théoriques associées ont pu être ainsi testées expérimentalement et ont présenté une efficacité similaire en situation réelle. Cependant, la théorie n'a pas permis d'envisager toutes les situations réelles possibles, mais nous avons réussi à réaliser des expériences réelles.

La commande non linéaire utilisée, stabilise le modèle du véhicule simplifié et a permis de prouver que les commandes fonctionnent très bien dans le monde réel ; ceci malgré la réalisation d'épreuves réelles non considérées dans les situations théoriques.

La solution d'un problème général, fondée sur la commande automatique, est constituée de trois phases, chacune impliquant l'utilisation de différents outils technologiques à partir des abstractions mathématiques jusqu'à l'implémentation par l'utilisation de la technologie des microprocesseurs. Les phases sont décrites ci-dessous :

1. La phase expérimentale consiste à résoudre le problème de la commande, obtenue à partir d'une initialisation physique. Dans notre cas, il s'agit d'un véhicule aérien. Une fois le problème formulé, une nouvelle expérience doit s'accomplir pour obtenir un modèle mathématique proche du système réel.

2. Dans la phase de simulation, on représente par ordinateur les relations physiques du système.

3. En la phase théorique, on travaille sur un modèle simplifié.

Toutes les lois de commande ont besoin d'entrées de commande connues, nommées variables physiques du système. Ces variables physiques commandent le comportement du système. Les caractéristiques désirées du système de commande sont :

1. la stabilité

2. la commande de position

3. la commande de mouvement

4. l'optimisation

Par conséquent, il est possible d'assurer la stabilité d'un drone en travaillant sur un modèle borne incertain. La stabilité et la commande d'un véhicule aérien dérivent des lois de l'aérodynamique, de la théorie classique et de la commande. L'analyse statique de la stabilité, nous a permis de déterminer les caractéristiques de la commande de déplacement et la commande de force pour les conditions de stabilité et manoeuvres de vols. Un véhicule aérien appelé drone, est une machine autonome aérienne qui appartient à l'ensemble des robots mobiles. Des capteurs donnent au drone des informations sur son état interne et sur l'environnement dans lequel il évolue, et des actionneurs lui permettent d'obtenir les caractéristiques désirées. Les capteurs aident notablement à donner les informations de l'environnement. Le monde dynamique et tri-dimensionnel où les robots mobiles agissent et se déplacent, change en raison des mouvements du robot ou des objets environnants. L'interaction immédiate avec l'environnement est liée à ses capacités de perception. Parmi ces dernières, la vision a été reconnue pour son potentiel informatif précieux et sa haute qualité. Les capteurs visuels peuvent être facilement connectés à l'ordinateur où la capacité de traitement de l'information est accrue et son coût diminué. Les raisons de l'utilisation de la vision par ordinateur sont liées aux avantages qu'offre l'informatique : rapidité du traitement de gros volumes d'informations, fiabilité et disponibilité. Les avantages de la vision comprennent :

1. Le champ de vision : La vision est un capteur passif qui peut capter des informations multi-spectrales, couvrant une vaste région de l'espace.

2. La largeur de bande : La vision délivre l'information à une vitesse minimale de 60 images par seconde avec une haute résolution.

3. L'exactitude : Sous les conditions appropriées et avec l'algorithme convenable, les caméras sont capables de fournir les localisations géométriques des caractéristiques ou objets.

Nous vivons dans un monde tri-dimensionnel (3D) où une partie de l'information peut être acquise par la connaissance codée des images qui arrivent à notre système de vision. Ce dernier est capable de fournir les connaissances nécessaires pour une interprétation explicite. La vision a suscité l'intérêt de nombreux scientifiques et philosophes, depuis déjà très longtemps, avec la naissance des machines de calcul de plus en plus sophistiquées. Les scientifiques ont essayé d'imiter ou de trouver des propriétés semblables à partir d'un modèle basé sur la vision biologique. La vision est un processus de traitement de l'information ayant comme entrée une séquence d'images et comme sortie une description de l'entrée en termes d'objet. Les lois physiques imposent des contraintes aux signaux lumineux partant d'une source, traversant la scène et se projetant sur l'image. La gravitation impose à l'image une structure hétérogène. Dans cette thèse, nous nous intéressons surtout à l'utilisation de la vision par ordinateur pour la perception tri-dimensionnelle de l'environnement, appelée aussi vision 3D. Les capteurs fournissant une vision 3D donnent l'information à notre véhicule aérien. Les données à traiter sont des images de l'environnement prises par des caméras. En utilisant les informations du système de vision, un véhicule sera capable d'éviter les obstacles ou de réaliser certaines fonctions de navigation. Dans ce cas, la détermination des mesures tri-dimensionnelles demande un certain calibrage du capteur en raison des projections de l'espace tri-dimensionnel dans un espace bi-dimensionnel. À l'aide des caméras calibrées, les informations tri-dimensionnelles conformes à notre dimension du monde, ont été mesurées, nous permettant alors d'estimer les dimensions des objets en unités métriques. En revanche, avec des caméras non calibrées, de telles informations métriques ne peuvent être déterminées. Un capteur stéréoscopique constitué de deux caméras qui observent la même scène, permet de récupérer deux projections de chaque point de la scène.

Tous les algorithmes de vision et les lois de commande, présentés dans ce mémoire, ont été vérifiés en temps réel en utilisant notre propre plateforme expérimentale. Cette plateforme a évolué en passant par différentes étapes, prenant en compte les meilleures avancées technologiques et accessibles.

En utilisant les capteurs visuels, nous proposons des solutions pour accomplir des tâches robotiques capables de varier au cours des réalisations par l'utilisation de la perception de l'environnement. Ces dernières requièrent des planifications actives et réactives pendant l'exécution des actions. Depuis des millénaires, la vision a fasciné les philosophes et scientifiques depuis Aristotle jusqu'à Kepler, Helmholtz et Gibson. Une preuve convaincante est que presque tous les systèmes biologiques, ont un mécanisme de perception de la lumière. Ce sens de la vision consomme une fraction significative du cerveau.

Etant donné la manière dont nos yeux sont positionnés et commandés, notre cerveau reçoit des images similaires d'une scène qui ont été prises à partir de deux points proches situés sur le même niveau horizontal. Si deux images sont séparées en profondeur depuis le viseur, la position relative de ces images différera. Notre cerveau est apte à estimer la profondeur à partir de la disparité mesurée. Au XVI siècle, Leonardo Da Vinci, maître de la peinture et philosophe [Vinci ecle], considérait qu'une peinture pouvait montrer un relief égal à celui des objets naturels, à moins qu'ils soient vus depuis une distance longue et avec un seul oeil. Leonardo Da Vinci a observé avec attention qu'un objet présentait une apparence différente dans chaque oeil. Trois siècles plus tard, diverses études en physiologie de la vision sont apparues et les principes fondamentaux de la vision stéréoscopique ont été décrits [Wheatstone1 1838]. En 1852, un nouvel instrument nommé stéréoscope est décrit [Wheatstone 1852]. Le rôle essentiel du stéréoscope est de faire coïncider deux images binoculaires avec quelques inclinations de leur axe optique, pendant que la magnitude de la rétine, reste la même.

Avant l'apparition des ordinateurs, le fait qu'un système physique pouvait jouer un rôle dans le traitement de l'information, était quelque chose de difficile à comprendre. En suivant le développement des ordinateurs et de l'informatique théorique, il est possible de faire une distinction entre l'étude d'un processus abstrait et l'étude d'une structure physique comprenant celui-ci. Bien qu'ils soient reliés, ils ne sont pas égaux. Par la suite, deux parties ont commencées à être étudiées : l'informatique et les études mécanistiques qui la supportent. La structure informatique de la vision stéréoscopique et de la dérivation d'un algorithme coopératif extrayant l'information de disparité à partir d'une paire d'images stéréoscopique a été analysée [Marr 1976]. Un an plus tard, le premier algorithme de résolution du problème de mise en correspondance était proposé [Marr 1977]. Ainsi, une base théorique des données de la psychologie expérimentale et neurophysiologique sur la stéréopsie est née. Plusieurs expériences ont ensuite été réalisées sous différentes conditions. Ce travail de recherche a fait apparaître que la nature coopérative est nécessaire pour activer le processus de fusion des images. À partir des études de vision stéréoscopique de [Julesz 1972], il fut possible d'extraire une carte de disparité depuis une paire d'images sans l'utilisation d'indication monoculaire. Le problème de l'interprétation du mouvement visuel a commencé par les études de [Ullman 1979] qui furent les premiers à utiliser les outils de l'intelligence artificielle. Dans le domaine de l'intelligence artificielle, la notion de "intelligence artificielle complète", signifie que grâce à une solution du problème, le développement de l'intelligence complète est établi. Il y a deux manières d'utiliser l'information visuelle dans un système robotique :

Systèmes commandés en boucle fermée L'extraction d'informations de l'image et de la commande du robot, sont deux tâches séparées. D'abord le traitement de l'image puis la génération de la séquence de commande sont accomplis.

L'asservissement visuel Le terme apparaît pour la première fois en 1996 [Corke 1996]. Il s'agit d'une nouvelle façon d'aborder le problème. La classification ci-dessous est alors suggérée :

1. Systèmes dynamiques qui regardent et se déplacent. Ces systèmes accomplissent la commande du robot en deux étapes : le système de vision fournit les entrées et la loi de commande qui stabilise les articulations du robot en utilisant la boucle fermée.

2. Systèmes servo visuels directs, où la commande visuelle calcule directement l'entrée de la commande.

2.1   Asservissement visuel

L'asservissement visuel définit ci-dessus pour la commande de mouvement possède une particularité. En effet, le processus de sortie et la référence peuvent être observés par le même capteur : les caméras. Dans le contexte de l'asservissement visuel, il est possible de se demander si nous pouvons obtenir un asservissement visuel précis avec des caméras non calibrées et de lentilles imparfaites. Une solution à ce problème est la structure d'asservissement visuel actif [Papanikolopoulus 1992]. Celle-ci apporte la flexibilité nécessaire pour opérer sous conditions dynamiques avec un grand nombre de facteurs inconnus et changeant de l'environnement et de la cible. L'asservissement visuel est classifié comme suit :

1. Systèmes d'asservissement visuel basé sur la position : Ces systèmes rendent l'information tri-dimensionnelle (3D) à partir de la scène où le modèle connu de la caméra sert à estimer la position et l'orientation de la cible par rapport au système de coordonnées de la caméra. La position ou le suivi d'un objet, se définissent dans l'espace 3D estimé.

2. Systèmes d'asservissement visuel basés sur l'image : Les mesures bi-dimensionelles sont utilisées directement pour estimer les déplacements du robot. Les tâches typiques de suivi et mises en place sont accomplies grâce à la réduction de l'erreur entre l'ensemble des caractéristiques actuelles et désirées de l'image.

3. Systèmes d'asservissement visuel $2\frac{1}{2}$: décrits comme une combinaison des méthodes ci-dessus. Alors, l'erreur à minimiser est précisée dans l'espace et l'image.

2.2   Obtention de mesures visuelles

Pour déterminer la position 3D d'un objet associée à la caméra, les caractéristiques de l'image sont utilisées simultanément à partir de l'information des
paramètres intrinsèques de la caméra [Roberts 1965], [Fischler 1981], [Lowe 1992],
[Horaud 1989], [DeMenthon 1995], [Braud 1994]. En 2000, la position d'un objet
a été estimée à l'aide de capteurs infra-rouges [Brassart 2000] . L'importance de la
fonction projective 3D à 2D, est expliquée par [Longuet-Higgins 1981]. D'autre part,
la relation entre les caractéristiques associées, la récupération du mouvement et la
structure euclidienne ont été établies grâce à la géométrie épipolaire et à l'estimation de la matrice essentielle [Faugeras 1993], [Tsai 1984]. Dans le cas de caméras
non calibrées, la relation entre deux images est représentée en utilisant la matrice
fondamentale [Zhang 1995], [Luong 1996]. Celle-ci, nous permet d'obtenir la calibration de la caméra et la reconstruction euclidienne sans la connaissance à priori
de ses paramètres. Il y a des systèmes qui utilisent la géométrie épipolaire pour
l'asservissement visuel en utilisant une [Basri 1998], deux [Ruf 1999] ou plusieurs
caméras [Seelinger 1998]. D'autres systèmes d'asservissement visuel accomplissent
l'estimation directement du plan image, en utilisant des méthodes qui incluent la
région d'intérêt, les caractéristiques (lignes et cercles), les contours actifs ou snakes.
Les méthodes fondées sur les régions ou les fenêtres servent à faire du suivi des pa-
trons spécifiques en exploitant une consistance temporaire [Hager 69], [Brandt 1994],
[Crowley 1995], [Rizzi 1996], [Kragic 1999]. Les techniques fondées sur les fenêtres
sont rapides, simples et ne requièrent pas d'hardware spécialisé. La transformée
d'Hough [Hough 1962], [Ballard 1981], [Illingworth 1988], [Arbter 1998], est une
technique d'extraction des caractéristiques qui présente une facilité à être généralisée par simple implémentation. Cette approche requiert du temps et de l'espace.
De plus, la complexité augmente de manière exponentielle en accord à la dimension-
nalité de l'espace des paramètres. Les contours actifs ou snakes [Terzopoulos 1987],
[Kass 1987], [Blake 1998], sont utilisés pour le pistage d'objets rigides et semi-rigides.
Ceux-ci permettent une recherche de formes arbitraires avec une robustesse relative
aux occlusions. Quelques systèmes se servent de snakes pour l'asservissement visuel
dans une bouclé fermée comme [Couvignou 1993], [Yoshimi 1994], [Sullivan 1996],
[Hollinghurst 1997] et [Drummond 1999]. Dans les sections suivantes, les travaux
d'asservissement visuel sont présentés.

2.3   Asservissement visuel du quadrirotor

Depuis 2002, des nombreux laboratoires ont commencé à construire des engins
volants du type quadrirotor, dans le but de résoudre les problèmes de commande associés à son contrôle, [Altug 2003], [Bouabdallah 2004], [Bestaoui 2005], [Beji 2003],
[Castillo 2005a], [Castillo 2005b], [Escareno 2006], [Castillo 2004], [Escareno 2008],
[Romero 2008].

Dans le domaine de l'asservissement visuel des véhicules aériens, il existe deux
axes principaux : les aspects de stabilité basés sur la commande visuelle [Vidal 2003]

et les véhicules aériens qui utilisent la vision et la fusion de capteurs pour la planification des trajectoires [Sinopoli 2001] ou de la détermination précise de la position, [Viola 2001], [Shakernia 2002]. Pour estimer la position, l'asservissement visuel peut s'appliquer de manière embarquée ou non-embarquée [Altug 2005], [Amidi 1999], [Ettinger 2002], [Mejias 2006], [Shakernia 2002], [Wu 2005], [Yu 2006]. Dans [Bazin 2008] une méthode pour l'estimation d'attitude à partir d'images catadioptriques est présentée.

Le flux-optique a été utilisé pour éviter les obstacles rencontrés par les robots aériens. Par exemple, [Barrows 2003] décrit une façon d'implémenter le flux-optique pour la commande de vol d'un véhicule aérien. [Muratet 2005] présente les résultats de la simulation en utilisant le flux-optique pour piloter un hélicoptère dans un milieu urbain. [Barrows 2000] a développé un capteur d'intégration à très grande échelle (VLSI - acronyme de l'anglais Very Large Scale Integration), qui a été embarqué sur des véhicules aériens pour la commande d'altitude, le suivi de champs, le décollage et l'atterrissage du véhicule aérien et pour éviter les obstacles en vol [Green 2004].

Dépuis 1990, les systèmes de vision stéréoscopique ont été utilisés pour le pilotage sur terrains non-plans. [Matthies 1996] montre un système de vision stéréoscopique développé au laboratoire de propulsion du Jet qui pilote de manière autonome un véhicule de transport léger à une vitesse de 10 Km/h. [Singh 1990] présente un robot construit pour des opérations sur terrain inconnu en utilisant un large champ de vision stéréoscopique et un pilotage inertiel précis. [Matthies 1986] propose une technique qui modélise les erreurs du pilotage stéréoscopique en employant la distribution gaussienne tri-dimensionnelle. Cette technique réduit la variance de l'estimation et de la position du robot, grâce à l'odométrie visuelle. De même, une technique qui modélise et évalue la détection d'obstacles, est présentée.

La vision stéréoscopique a été utilisée pour l'exploration planétaire [Steven 2002] et pour les défis hors-route comme le grand challenge DARPA .

De nos jours, pour les véhicules terrestres, il existe encore le problème de la détection tri-dimensionnelle d'obstacle. Ce problème se résout en raison de la distinction du plan du sol et des obstacles sur celui-ci. En conséquence, un véhicule aérien n'est pas capable de faire la différence entre le plan du sol et les caractéristiques des obstacles. Cependant, un système stéréoscopique qui regarde vers le sol utilise l'odométrie visuelle [Buskey 2001], [Amidi 1996] a la capacité de prévoir un atterrissage correct [Andrew 2004].

Le projet (BEAR) montre la planification des trajectoires d'un hélicoptère commercial Yamaha R-Max. Le suivi de structures est un nouveau sujet de recherche. Nous proposons trois systèmes de vision différents capables d'obtenir la position d'un drone par rapport à une cible de dimensions connues ou inconnues.

2.4 Conclusion

Dans ce chapitre, nous avons présenté dans un premier temps, les concepts de la vision qui ont suscité l'intérêt de nombreux scientifiques et comment utiliser un capteur capable de fournir une perception tri-dimensionnelle de l'environnement. Dans un second temps, nous nous sommes intéressés aux systèmes capables d'estimer des mesures visuelles et divers travaux ayant portés sur l'utilisation de lois de commande par asservissement visuel ont été présentés. Enfin, des travaux ayant porté sur l'utilisation des lois de commande pour commander des engins volants ont été décrits. Les engins volants considérés, sont des drones de type quadrirotor correspondant à un vaste panel d'applications et dont diverses stratégies de commande ont été utilisées. L'état de l'art, nous a permis de mettre en évidence que les données de vision et les lois de commande associées peuvent être de différents types. Dans ce travail de thèse, je me suis intéressé à deux types d'engins volants : un hélicoptère à huit-rotors et un hélicoptère à quatre-rotors aussi nommés respectivement octarotor et quadrirotor. Dans les deux cas, l'objectif est de concevoir des lois de commande en utilisant la vision monoculaire et/ou stéréoscopique afin de localiser le véhicule aérien. Pour ce faire, nous allons développer un système de commande en utilisant la vision puis les algorithmes proposés seront ensuite validés au cours d'expériences réelles. Pour ce faire, nous allons construire un quadrirotor qui aura pour objectif de suivre des trajectoires. Ces travaux sont présentés en détail dans les chapitres suivants.

Vision tri-dimensionnelle par ordinateur

3.1 Géométrie de l'image

Nous vivons dans un monde tri-dimensionnel où tous les points de l'espace peuvent être déterminés par trois coordonnées (X, Y, Z). Une image est représentée par un plan bi-dimensionnel et est définie par deux coordonnées (x, y). Le procédé de projection explique la perte d'une troisième dimension. La vision par ordinateur permet notamment de récupérer cette dimension perdue.

3.1.1 Translation et échelle

Un objet dans l'espace tri-dimensionnel peut se définir par une multitude de points, où chaque point est représenté par les coordonnées (X_1, Y_1, Z_1). Si l'objet est translaté vers une direction $\mathbf{d} = (d_x, d_y, d_z)^T$, sur chaque axe X, Y et Z, alors les nouvelles coordonnées sont :

$$X_2 = X_1 + d_x \tag{3.1}$$
$$Y_2 = Y_1 + d_y \tag{3.2}$$
$$Z_2 = Z_1 + d_z \tag{3.3}$$
$$\tag{3.4}$$

La forme matricielle de ces équations est :

$$\begin{bmatrix} X_2 \\ Y_2 \\ Z_2 \\ 1 \end{bmatrix} = \begin{bmatrix} 1 & 0 & 0 & d_x \\ 0 & 1 & 0 & d_y \\ 0 & 0 & 1 & d_z \\ 0 & 0 & 0 & 1 \end{bmatrix} \begin{bmatrix} X_1 \\ Y_1 \\ Z_1 \\ 1 \end{bmatrix} \tag{3.5}$$

$$\begin{bmatrix} X_2 \\ Y_2 \\ Z_2 \\ 1 \end{bmatrix} = T \begin{bmatrix} X_1 \\ Y_1 \\ Z_1 \\ 1 \end{bmatrix} \tag{3.6}$$

où

$$T = \begin{bmatrix} 1 & 0 & 0 & d_x \\ 0 & 1 & 0 & d_y \\ 0 & 0 & 1 & d_z \\ 0 & 0 & 0 & 1 \end{bmatrix}$$

est la matrice de translation. La matrice de translation inverse est

$$T^{-1} = \begin{bmatrix} 1 & 0 & 0 & -d_x \\ 0 & 1 & 0 & -d_y \\ 0 & 0 & 1 & -d_z \\ 0 & 0 & 0 & 1 \end{bmatrix}$$

On verifie que $TT^{-1} = T^{-1}T = I$, où I est la matrice unité ou matrice identité. De la même manière, si l'objet subit un changement d'échelle par $\mathbf{S} = (S_x, S_y S_z)$ pour chacune des directions X, Y et Z, alors les nouvelles coordonnées du point sont :

$$X_2 = X_1 \times S_x \tag{3.7}$$
$$Y_2 = Y_1 \times S_y \tag{3.8}$$
$$Z_2 = Z_1 \times S_z \tag{3.9}$$
$$\tag{3.10}$$

La forme matricielle peut s'écrire comme :

$$\begin{bmatrix} X_2 \\ Y_2 \\ Z_2 \\ 1 \end{bmatrix} = \begin{bmatrix} S_x & 0 & 0 & 0 \\ 0 & S_y & 0 & 0 \\ 0 & 0 & S_z & 0 \\ 0 & 0 & 0 & 1 \end{bmatrix} \begin{bmatrix} X_1 \\ Y_1 \\ Z_1 \\ 1 \end{bmatrix} \tag{3.11}$$

$$\begin{bmatrix} X_2 \\ Y_2 \\ Z_2 \\ 1 \end{bmatrix} = S \begin{bmatrix} X_1 \\ Y_1 \\ Z_1 \\ 1 \end{bmatrix} \qquad (3.12)$$

où

$$S = \begin{pmatrix} S_x & 0 & 0 & 0 \\ 0 & S_y & 0 & 0 \\ 0 & 0 & S_z & 0 \\ 0 & 0 & 0 & 1 \end{pmatrix}$$

est la matrice d'échelle. La matrice d'échelle inverse est

$$S^{-1} = \begin{pmatrix} 1/S_x & 0 & 0 & 0 \\ 0 & 1/S_y & 0 & 0 \\ 0 & 0 & 1/S_z & 0 \\ 0 & 0 & 0 & 1 \end{pmatrix}$$

3.1.2 Rotation

On définit un référentiel R' en rotation par rapport à un référentiel R, si ses axes tournent par rapport à ceux du référentiel R. Si on considère un vecteur (X_1, Y_1, Z_1) (Figure 3.1) on a R qui représente la longueur du vecteur et ϕ l'angle formé entre le vecteur et l'axe X. Supposons que le vecteur subit une rotation d'un angle θ autour de l'axe Z, dans le sens inverse des aiguilles d'une montre, alors les nouvelles coordonnées du point sont (X_2, Y_2, Z_2) et elles se calculent à partir des coordonnées antérieures et de l'angle de rotation. Si on considère un triangle d'angle ϕ et d'axe X, alors selon les relations trigonométriques on a :

$$\begin{align} X_1 &= R\cos\phi \qquad &(3.13)\\ Y_1 &= R\sin\phi \qquad &(3.14)\\ &\qquad &(3.15) \end{align}$$

De la même manière, le triangle qui forme un angle $(\theta + \phi)$ avec l'axe X, s'écrit de la manière suivante :

$$X_2 = R\cos(\theta + \phi) = R\cos\theta\cos\phi - R\sin\theta sin\phi \qquad (3.16)$$
$$Y_2 = R\sin(\theta + \phi) = R\sin\theta\cos\phi + R\cos\theta\sin\phi \qquad (3.17)$$

La forme matricielle est :

$$\begin{bmatrix} X_2 \\ Y_2 \\ Z_2 \\ 1 \end{bmatrix} = \begin{bmatrix} \cos\theta & -\sin\theta & 0 & 0 \\ \sin\theta & \cos\theta & 0 & 0 \\ 0 & 0 & 1 & 0 \\ 0 & 0 & 0 & 1 \end{bmatrix} \begin{bmatrix} X_1 \\ Y_1 \\ Z_1 \\ 1 \end{bmatrix} \qquad (3.18)$$

$$\begin{bmatrix} X_2 \\ Y_2 \\ Z_2 \\ 1 \end{bmatrix} = R_\theta^Z \begin{bmatrix} X_1 \\ Y_1 \\ Z_1 \\ 1 \end{bmatrix} \tag{3.19}$$

où R_θ^Z répresente la matrice de rotation. La matrice de rotation inverse est

$$(R_\theta^Z)^{-1} = \begin{bmatrix} \cos\theta & \sin\theta & 0 & 0 \\ -\sin\theta & \cos\theta & 0 & 0 \\ 0 & 0 & 1 & 0 \\ 0 & 0 & 0 & 1 \end{bmatrix}$$

La rotation inverse est équivalente à la rotation par $-\theta$ autour du même axe, $(R_\theta^Z)^{-1} = R_{-\theta}^Z$. De plus, la matrice de rotation est une matrice orthonormale $(R_\theta^Z)^T R_\theta^Z = R_\theta^Z (R_\theta^Z)^T = I$. Par conséquent, l'inverse de la matrice de rotation est sa matrice transposée.

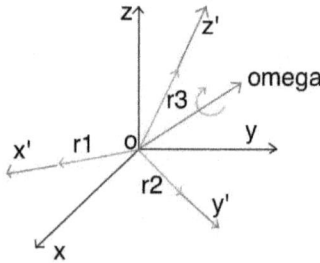

FIGURE 3.1 – Rotation d'un corps rigide autour d'un point fixe o.

3.2   Géométrie projective

3.2.1   Espace projectif

L'espace projectif à n dimensions, $\mathbb{P}^n$, est l'espace quotient de $\mathbb{R}^{n+1} \setminus \{0_{n+1}\}$ pour la relation d'équivalence $[x_1, \ldots, x_{n+1}]^T \sim [x'_1, \ldots, x'_{n+1}]^T \Leftrightarrow \exists \lambda \neq 0, [x_1, \ldots, x_{n+1}]^T \sim \lambda[x'_1, \ldots, x'_{n+1}]^T$. Ainsi les $(n+1)$-uplets proportionnels de co-ordonnées $\mathbf{x} = [x_1, \ldots, x_{n+1}]^T$ et $\mathbf{x}' = [x'_1, \ldots, x'_{n+1}]^T$, représentent le même point dans l'espace projectif. Le nombre x_i est nommé comme étant la coordonnée projective ou homogène d'un point et le vecteur $\mathbf{x}$ est le vecteur coordonné. Si on considère un point $\mathbf{h}$ de l'espace $\mathbb{P}^n$, définissant un hyperplan dont l'ensemble des points $\mathbf{x}$ de $\mathbb{P}^n$, sont de coordonnées :

$$\sum_{1 \leq i \leq n+1} h_i x_i = \mathbf{h}^T \mathbf{x} = 0. \tag{3.20}$$

Dans l'espace objet $\mathbb{P}^3$, les hyperplans définissent des plans, alors que dans l'espace image $\mathbb{P}^2$ ils définissent des lignes. Un hyperplan de $\mathbb{P}^n$ peut être considéré comme un sous-espace de dimension $n-1$. La définition du rôle symétrique de $\mathbf{h}$ et $\mathbf{x}$, permet de remarquer que cette symétrie correspond à une dualité entre points et hyperplans. Également, le système homogène de deux équations $\{\mathbf{h}_1^T \mathbf{x}, \mathbf{h}_2^T \mathbf{x}\}$, a toujours une solution non-nulle à condition que $n \geq 2$, c'est la raison pour laquelle l'intersection de deux hyperplans est toujours un sous-espace projectif non vide V de dimension $n-2$. Tous les hyperplans qui contiennent V forment un espace projectif unidimensionnel appelé pinceaux d'hyperplans. Une base projective est un ensemble de $n+2$ points de $\mathbb{P}^n$ tel qu'aucun $n+1$ puissent être linéairement dépendant. Cette base est appelée base projective canonique. Une combinaison linéaire des points de la base peut exprimer n'importe quel point de $\mathbb{P}^n$. Celle-ci est la seule formée par les points $\varepsilon_i = [0, \dots, 1, \dots, 0], 1 \leq i \leq n+1$, où le nombre 1 est situé à la i-ème position et $\varepsilon_2 = [1, \dots, 1]^T$. Une matrice symétrique $\mathbb{Q}$ de $(n+1) \times (n+1)$, définit une quadrique, représenté par un ensemble de points $\mathbf{x}$ de $\mathbb{P}^n$ dont les coordonnées satisfont :

$$\sum_{1 \leq i,j \leq n+1} \boldsymbol{Q}_{i,j} x_i x_j = \mathbf{x}^T \mathbb{Q} \mathbf{x} = 0 \tag{3.21}$$

Les quadriques sont définies par :
 – des surfaces quadriques en $\mathbb{P}^3$.
 – des formes coniques en $\mathbb{P}^2$.
 – deux points en $\mathbb{P}^1$.
L'intersection d'un hyperplan $\mathbb{P}^n$ et d'une quadrique $\mathbb{P}^n$ forme une quadrique en $\mathbb{P}^{n-1}$.

3.2.2 Géométrie projective

Une homographie H est une transformation de $\mathbb{P}^n$ restant linéaire pour ses coordonnées projectives (projective linéaire) et non inversible. Celle-ci se décrit comme une matrice $\mathbf{H}$ non singulière de taille $(n+1) \times (n+1)$, telle que l'image de $\mathbf{x}$ est $\mathbf{x}'$ avec

$$\mathbf{x}' = \mathbf{H}\mathbf{x} \tag{3.22}$$

Une conséquence de la linéarité des homographies est l'envoi d'un hyperplan vers un autre hyperplan. De la même manière, n'importe quel sous-espace projectif envoyé par les homographies dans un autre sous-espace projectif de même dimension, est appelé conservation d'incidence. Les homographies forment alors un groupe projectif $\mathcal{PLG}_\backslash$. Soient A, B, C et D quatre points colinéaires, pouvant être considérés comme des points de $\mathbb{P}^1$, alors la base projective invariante par une homographie $\mathbf{H}$ est le rapport anharmonique :

$$\{A, B; C, D\} = \frac{\overline{AC}}{\overline{AD}}\frac{\overline{BC}}{\overline{BD}} \qquad (3.23)$$

Les points à l'infini sont traités selon des conventions évidentes :

$$\frac{\infty}{\infty} = 1, \qquad \frac{a}{\infty} = 0, \qquad \frac{\infty}{a} = \infty \qquad a \in \mathbb{R}$$

3.2.3   Géométrie affine

L'hyperplan $\prod_\infty$ en $\mathbb{P}^n$ s'appelle hyperplan à l'infini. Les transformations affines forment le sous-groupe $\mathcal{AG}_\backslash$ de $\mathcal{PLG}_\backslash$ qui se definit par la transformation $\mathcal{A}$, conservant le plan à l'infini. Ainsi, $\mathcal{A}(\prod_\infty) = \prod_\infty$. Dans l'espace affine existe une application bijective entre $\mathbb{R}^n$ et $\mathbb{P}^n \setminus \prod_\infty$. Deux sous-espaces de $\mathbb{P}^n$ non contenus dans $\prod_\infty$, sont parallèles si leur intersection appartient à $\prod_\infty$. L'espace affine à n−dimensions $\mathbb{R}^n$ est en relation avec $\mathbb{P}^n \setminus \prod_\infty$ grâce à la correspondance bijective :

$$[x_1, \ldots, x_n]^T \to [x_1, \ldots, x_n, 1]^T \qquad (3.24)$$

Les points $[x_1, \ldots, x_n]^T$ sont vus comme des points courants tandis que les points $[x_1, \ldots, x_n, 0]^T$ ne sont pas établis par cette relation. Si ceux-ci sont considérés comme étant la limite de $[x_1, \ldots, x_n, \lambda]^T$ lorsque $\lambda \to 0$, c'est à dire, la limite de $[x_1/\lambda, \ldots, x_n/\lambda, 1]^T$, alors ils sont la limite d'un point de $\mathbb{R}^n$ qui arrive jusqu'à l'infini en direction de $[x_1, \ldots, x_n]^T$. On l'appelle le point à l'infini. C'est la raison pour laquelle, la direction $[x_1, \ldots, x_n]^T$ d'un hyperplan de la forme $[x_1, \ldots, x_n, x_{n+1}]^T$ se définit par son intersection avec le plan à l'infini $\prod_\infty$. On voit l'homographie H garder alors $\prod_\infty$ si et seulement si la dernière ligne de la matrice $\mathbf{H}$ de H est de forme $[0, \ldots, 0, \mu]$ avec $\mu \neq 0$. Comme cette matrice se définit jusqu'à un facteur d'échelle $\mu = 1$ et la transformation H est complètement décrite par sa sous-matrice $\mathbf{A}$ de taille $n \times n$ et par les premières n coordonnées du dernier vecteur $\mathbf{b}$:

$$\mathbf{H} = \begin{bmatrix} \mathbf{A} & \mathbf{b} \\ \mathbf{0}_n^T & 1 \end{bmatrix}, \qquad (3.25)$$

L'homographie H permet la description classique d'une transformation de l'espace affine $\mathbb{R}^n : \mathbf{x}' = \mathbf{A}\mathbf{x} + \mathbf{b}$. Soit A, B et C trois points colinéaires et un point à l'infini défini par A, B et C, alors l'image de ce point reste à l'infini quelque soit la transformation affine, de (3.23). Donc le ratio des distances des trois points colinéaires est :

$$A, B; C, \infty = \frac{\overline{AC}}{\overline{BC}} \qquad (3.26)$$

Ce ratio est invariant par transformation affine. Par conséquent, les transformations affines laissent invariantes les centres des poids et les coques convexes.

3.2.4 Géométrie euclidienne

Choisissons une quadrique Ω de $\prod_\infty$, que nous définissons comme étant la quadrique absolue. En $\mathbb{P}^3$ celle-ci est appelée la conique absolue, tandis qu'en $\mathbb{P}^2$ elle porte le nom de 'points circulaires'. La transformation de similarité définit le sous-groupe $\mathcal{S}_\backslash$ de $\mathcal{PLG}_\backslash$ engendré par la transformation $\mathcal{S}$ qui préserve la quadrique absolue. Ainsi, $\mathcal{S}(\otimes) = \Omega$ et implique que $\mathcal{S}(\prod_\infty) = \prod_\infty$. Par conséquent, les transformations de similarité forment un sous-groupe du groupe affine. De la même manière que $\prod_\infty$ est utilisé pour définir les directions des hyperplans, Ω est employé pour définir les angles entre deux hyperplans, h_1 et h_2, selon la formule de Laguerre : $\alpha = \frac{1}{2_i} log(\{h_1, h_2; h_a, h_b\})$, où h_i et h_j sont deux hyperplans tangents à la quadrique absolue. C'est la raison pour laquelle, les transformations euclidiennes préservent les angles. Une convention classique choisi l'équation de la quadrique absolue comme étant $\sum_i^n x_i^2 = 0$. Les transformations qui préservent Ω montrent que pour les transformations affines (3.25), nous avons les restrictions additives $\mathbf{A}\mathbf{A}^\mathbf{T} = s\mathbf{I}_n$, signifiant que la première sous-matrice de taille $n \times n$ est proportionnelle à une matrice orthogonale. Ces transformations nommées transformations de similarités préservent leurs distances relatives, correspondant au ratio des distances de trois points quelconques.

3.3   Espaces affines et géométrie affine

Définition 1. *Un espace affine est un ensemble* $\mathbf{X}$ *de points, un espace vectoriel* $\mathbf{E}$ *et une application* $\Theta : \mathbf{X} \times \mathbf{X} \to \mathbf{E}$ *qui doit satisfaire deux propriétés :*

1. $\forall a \in \mathbf{X}$, l'application $\Theta_a : b \to \theta(a,b)$ est bijective si $\mathbf{X}$ appartient à $\mathbf{E}$.

2. $\forall a, b, c \in \mathbf{X}$ a $\Theta(a,b) + \Theta(b,c) = \Theta(a,c)$

Nous pouvons représenter $\Theta(a,b)$ comme un vecteur $\overrightarrow{ab} = b - a$. Un espace affine est un triplet $(\mathbf{X}, \overrightarrow{\mathbf{X}}, \Theta)$ qui satisfait les conditions ci-dessus.

Définition 2. *Une base affine de l'espace affine* $\mathbf{X}_n$ *est un ensemble* B *de* $n+1$ *points* $m_1, \cdots, m_{n+1}$ *de* $\mathbf{X}_n$ *tel que les* n *vecteurs* $\overrightarrow{m_1 m_i}, i = 2, \cdots, n+1$, *forment une base de* $\to X_n$.

3.4   Espace euclidien tri-dimensionnel

Un espace euclidien est un ensemble dont les éléments satisfont les cinq axiomes d'Euclide. Dans les coordonnées cartésiennes, un point $p \in \mathbb{E}^3$ peut être identifié par trois coordonnées et s'écrit $\mathbf{X} \overset{.}{=} [X_1, X_2, X_3]^T$ ou $[X, Y, Z]^T$. Si les coordonnées cartésiennes sont capables de mesurer les distances et les angles, alors l'espace euclidien $\mathbb{E}^3$, pourra être doté d'une métrique. Dans cet espace, un vecteur s'identifie comme un couple de points $p, q \in \mathbb{E}^3$. Un vecteur v est représenté par une flèche qui lie p à q, avec p le point de base de v. Le vecteur v est symbolisé par le triplet

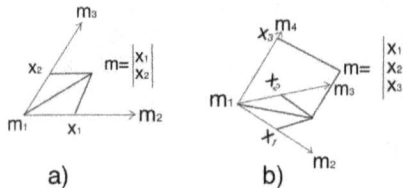

FIGURE 3.2 – Une base affine de X_2, a) et de X_3 b).

$(v_1, v_2, v_3)^T \in \mathbb{R}^3$. Un vecteur libre ne dépend pas de son point de base. L'ensemble des vecteurs libres forme un espace linéaire vectoriel, où la combinaison linéaire de deux vecteurs $u, v \in \mathbb{R}^3$ est donnée par :

$$\alpha v + \beta u = (\alpha v_1 + \beta u_1, \alpha v_2 + \beta u_2, \alpha v_3 + \beta u_3)^T \in \mathbb{R}^3, \forall \alpha, \beta \in \mathbb{R}^3 \qquad (3.27)$$

La métrique euclidienne pour $\mathbb{E}^{j\!\!\!/}$ est définie comme un produit scalaire dans son espace vectoriel.

Définition 3. *Métrique euclidienne et produit scalaire. Une fonction bilinéaire $\langle \cdot, \cdot \rangle$: $\mathbb{R}^3 \times \mathbb{R}^3 \to \mathbb{R}$, est un produit scalaire si elle possède les trois propriétés suivantes : linéaire, symétrique et positive définie, soit $\forall \alpha u, v, w \in \mathbb{R}^3$*

1. $\langle u, \alpha v + \beta w \rangle = \alpha \langle u, v \rangle + \beta \langle u, w \rangle, \forall \alpha, \beta \in \mathbb{R}.$

2. $\langle u, v \rangle = \langle v, u \rangle.$

3. $\langle v, v \rangle \geq 0$ *et* $\langle v, v \rangle = 0 \Leftrightarrow v = 0.$

La quantité $\|v\| = \sqrt{\langle v, v \rangle}$ est la norme euclidienne du vecteur v. Une écriture courante de l'image cartésienne est :

$$\langle u, v \rangle = u^T v = u_1 v_1 + u_2 v_2 + u_3 v_3. \qquad (3.28)$$

Le produit scalaire canonique $\langle u, v \rangle = u^T v$ et par conséquent $\|v\| = \sqrt{v_1^2 + v_2^2 + v_3^2}$. Si le produit vectoriel de deux vecteurs est égal à zéro alors il est orthogonal.

Définition 4. *Le produit vectoriel de deux vecteurs* $u, v \in \mathbb{R}^3$*, est donné par :*

$$u \times v = \begin{bmatrix} u_2 v_3 - u_3 v_2 \\ u_3 v_1 - u_1 v_3 \\ u_1 v_2 - u_2 v_1 \end{bmatrix} \in \mathbb{R}^3 \qquad (3.29)$$

À partir de cette définition, nous savons que le produit vectoriel de deux vecteurs est linéaire : $u \times (\alpha v + \beta w) = \alpha u \times v + \beta u \times w \forall \alpha, \beta \in \mathbb{R}^3$. En outre, on peut vérifier que :

$$\langle u \times v, u \rangle = \langle u \times v, v \rangle = 0, \quad u \times v = -v \times u. \qquad (3.30)$$

Par conséquent, le produit vectoriel de deux vecteurs est orthogonal pour chacun de ses facteurs et l'ordre des facteurs défini une orientation. Si on fixe u, le produit vectoriel est interprété comme une application $u \mapsto u \times v$ entre $\mathbb{R}^3$ et $\mathbb{R}^3$. Cette application se représente comme une matrice $u_\times \in \mathbb{R}^3$:

$$u_\times = \begin{bmatrix} 0 & -u_3 & u_2 \\ u_3 & 0 & -u_1 \\ -u_2 & u_1 & 0 \end{bmatrix} \in \mathbb{R}^{3 \times 3} \qquad (3.31)$$

avec $u_\times$ une matrice antisymétrique, ou $u_\times^T = -u_\times$. Si $e_1 = [1, 0, 0]^T, e_2 = [0, 1, 0]^T \in \mathbb{R}^3$, alors $e_1 \times e_2 = [0, 0, 1]^T = e_3$. Ainsi dans l'image cartésienne, le produit vectoriel des axes principaux X et Y donne l'axe principal Z.

3.5 Mouvement d'un corps

Pour décrire le mouvement d'un objet face à une caméra, il suffit de spécifier le mouvement d'un point et le mouvement des trois axes liés au point. Si v est un vecteur défini par deux points p et q, et que la norme de v reste égale (même si l'objet se déplace), alors $\|v(t)\| = constant$. Le mouvement d'un corps g est une succession de transformations capables de définir en chaque point les coordonnées de l'objet au cours du temps. Ce mouvement se définit comme :

$$g(t) : \mathbb{R}^3 \rightarrow \mathbb{R}^3 \qquad (3.32)$$

$$\mathbf{X} \mapsto g(t)(\mathbf{X}) \qquad (3.33)$$

Supposons que v est un vecteur défini par deux points p et $q : v = \mathbf{Y} - \mathbf{X}$. Après la transformation g, le nouveau vecteur obtenu est le suivant :

$$g_*(v) \doteq g(\mathbf{Y}) - g(\mathbf{X}) \qquad (3.34)$$

et $\|g_*(v)\| = \|v\|, \forall v \in \mathbb{R}^3$.

Définition 5. *Une fonction* $g : \mathbb{R}^3 \rightarrow \mathbb{R}^3$ *est une transformation spéciale euclidienne si elle préserve la norme et le produit vectoriel de deux vecteurs.*

– *La norme :* $\|g_*(v)\| = \|v\|, \forall v \in \mathbb{R}^3$

– *Le produit vectoriel :* $g_*(u) \times g_*(v) = g_*(u \times v), \forall u, v \in \mathbb{R}^3$

Le mouvement d'un corps est décrit par le mouvement de n'importe quel point de ce corps et par la rotation du référentiel des coordonnées liées au point. La représentation de la configuration d'un corps conserve le suivi du mouvement de ce système de référence relatif au système de référence fixe. Par exemple, si on considère un système de coordonnées fixes, obtenu par trois vecteurs orthonormaux $e_1, e_2, e_3 \in \mathbb{R}^3$, alors,

$$e_i^T e_j = \delta_{ij} \begin{cases} \delta_{ij} = 1 & \text{pour} i = j \\ \delta_{ij} = 0 & \text{pour} i \neq j \end{cases}$$

Normalement, les vecteurs sont ordonnés selon la forme du référentiel droit, $e_1 \times e_2 = e_3$, après un mouvement du corps g, on a :

$$g_*(e_i)^T g_*(e_j) = \delta_{ij}, g_*(e_1) \times g_*(e_2) = g_*(e_3) \tag{3.35}$$

Par rapport à notre étude, si la caméra se déplace, alors le référentiel de cette dernière se déplace de la même manière. La configuration de la caméra est déterminée par :

1. Le vecteur entre l'origine du référentiel du monde o et le référentiel de la caméra, $g(o)$, est la translation T

2. L'orientation relative du référentiel de la caméra C, de coordonnées axiales $g_*(e_1), g_*(e_2), g_*(e_3)$, relative au référentiel fixe du monde W de coordonnées axiales e_1, e_2, e_3, est la rotation R.

L'ensemble des mouvements d'un corps ou transformations spéciales euclidiennes est un groupe de Lie, noté $SE(3)$. Dans l'algèbre, un groupe est un ensemble G où une opération de multiplication binaire ($\circ$) des éléments de G, est effectuée et est :

– fermée : Si $g_1, g_2 \in G$ alors $g_1 \circ g_2 \in G$

– associative : $(g_1 \circ g_2) \circ g_3 = g_1 \circ (g_2 \circ g_3) \forall g_1, g_2, g_3 \in G$

– un élément unique $e : e \circ g = g \circ e = g, \forall g \in G$

– inversible : Pour chaque élément $g \in G$, il y a un élément $g^{-1} \in G$ tel que $g \circ g^{-1} = g^{-1} \circ g = e$

Une représentation est une fonction

$$\text{R} : SE(3) \to GL(n) g \mapsto \text{R}(g) \tag{3.36}$$

Donc, l'inverse du mouvement d'un corps et la composition du mouvement de deux corps sont préservées par la fonction :

$$\mathrm{R}(g^{-1}) = \mathrm{R}(g)^{-1}, \qquad \mathrm{R}(g \circ h) = \mathrm{R}(g)\mathrm{R}(h), \qquad \forall g, h \in SE(3)$$

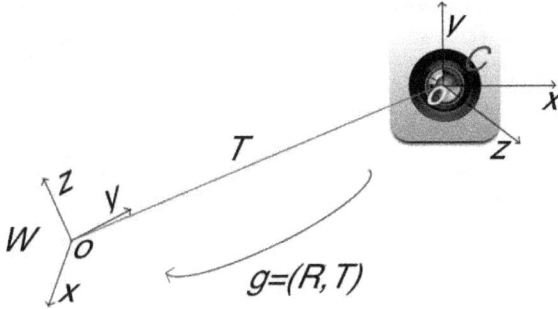

FIGURE 3.3 – Mouvement rigide du corps, entre le référentiel de la caméra C et le référentiel du monde W.

3.6 Mouvement rotationnel

Supposons un objet rigide rotatif autour d'un point fixe $o \in \mathbb{E}^3$. De manière générale, nous supposons que l'origine du référentiel du monde est le centre de rotation o. Si ce n'est pas le cas, l'origine est déplacée au point o. Ensuite, d'autres coordonnées référentielles nommées C sont fixées à l'objet rotatif dont l'origine est le point o. L'orientation du référentiel C relative au référentiel de coordonnées choisi W, est déterminée par les coordonnées de trois vecteurs orthonormaux $r_1 = g_*(e_1), r_2 = g_*(e_2), r_3 = g_*(e_3) \in \mathbb{R}^3$, en relation avec les coordonnées du monde W. La configuration de l'objet tournant est déterminée par une matrice de taille 3×3

$$R_{wc} = [r_1, r_2, r_3] \in \mathbb{R}^{3 \times 3} \tag{3.37}$$

La matrice inverse d'une matrice orthogonale est égale à sa matrice transposée où $R_{wc}^{-1} = R_{wc}^T$. R_{wc} représente une matrice orthogonale spéciale qui préserve l'orientation. L'espace des matrices orthogonales en $\mathbb{R}^{3 \times 3}$ est noté :

$$SO(3) = \{R \in \mathbb{R}^{3 \times 3} \| R^T R = I, det(R) = +1\} \tag{3.38}$$

R_{wc} peut représenter la transformation de coordonnées actuelles du référentiel C au référentiel W. C'est le cas d'un point $p \in \mathbb{R}^3$, où ses coordonnées par rapport au référentiel W sont $\mathbf{X}_w = [X_{1w}, X_{2w}, X_{3w}]^T \in \mathbb{R}^3$, alors que les coordonnées du même point p à l'égard du référentiel C $\mathbf{X}_c = [X_{1c}, X_{2c}, X_{3c}]^T$. On obtient alors :

$$\mathbf{X}_w = X_{1c}r_1 + X_{2c}r_2 + X_{3c}r_3 = R_{wc}\mathbf{X}_c \qquad (3.39)$$

L'équation (3.39) transforme les coordonnées $\mathbf{X}_c$ du point p, relative au référentiel C, avec celles de $\mathbf{X}_w$ relatives au référentiel W. En remarquant que R_{wc} est une matrice de rotation,

$$R_{cw} = R_{wc}^{-1} = R_{wc}^{T} \qquad (3.40)$$

En d'autres termes, lors de la rotation d'une caméra, les coordonnées du monde $\mathbf{X}_w$ d'un point fixe tri-dimensionnel p, sont transformées selon les coordonnées du référentiel de la caméra C par :

$$\mathbf{X}_c(t) = R_{cw}(t)\mathbf{X}_w \qquad (3.41)$$

Au contraire, les coordonnées du point p fixes par rapport au référentiel de coordonnées $\mathbf{X}_c$, sont $\mathbf{X}_w(t)$ lorsque l'objet subit une rotation en fonction de t, dans le référentiel du monde $\mathbf{X}_w(t)$ et s'écrit :

$$\mathbf{X}_w(t) = R_{wc}(t)\mathbf{X}_c. \qquad (3.42)$$

3.7   Mouvement d'un corps rigide

En partant des coordonnées $\mathbf{X}_c$ du point p du référentiel C par rapport au référentiel du monde W, les coordonnées de ce point deviennent $R_{wc}\mathbf{X}_c$ où $R_{wc} \in SO(3)$ et où $SO(3)$ est la rotation liée aux deux référentiels. Ainsi, les coordonnées $\mathbf{X}_w$ sont données par :

$$\mathbf{X}_w = R_{wc}\mathbf{X}_c + T_{wc} \qquad (3.43)$$

Normalement, le mouvement rigide complet se note $g_{wc} = (R_{wc}, T_{wc})$ ou $g = (R, T)$, mais de manière simplifiée on utilise la relation suivante :

$$\mathbf{X}_w = g_{wc}(\mathbf{X}_c) \qquad (3.44)$$

L'ensemble de toutes les configurations d'un corps rigide se décrit de la manière suivante :

$$SE(3) = \{g = (R, T)|R \in SO(3), T \in \mathbb{R}^3\} = SO(3) \times \mathbb{R}^3 \qquad (3.45)$$

et est nommé groupe spécial euclidien $SE(3)$. Pour obtenir la notation matricielle de g, l'introduction des coordonnées homogènes est nécessaire.

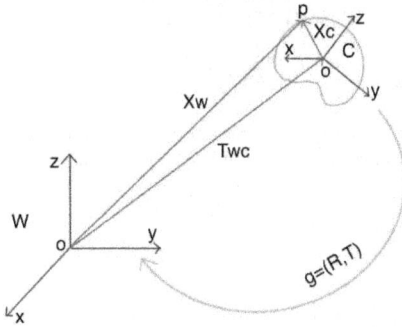

FIGURE 3.4 – Mouvement d'un corps rigide entre le référentiel de mouvement C et le référentiel du monde W.

3.8 Représentation homogène

Deux vecteurs u et v sont liés par une transformation linéaire si $u = Av$, et pour une transformation affine, si $u = Av + b$ avec un vecteur b. Cependant, il est possible de convertir une transformation affine en une transformation linéaire en utilisant les coordonnées homogènes. Ainsi, en ajoutant un 1 aux coordonnées $\mathbf{X} \in \mathbb{R}^3$ d'un point $p \in \mathbf{E}^3$, on a un vecteur $\bar{\mathbf{X}}$:

$$\bar{\mathbf{X}} = \begin{bmatrix} \mathbf{X} \\ 1 \end{bmatrix} = \begin{bmatrix} X_1 \\ X_2 \\ X_3 \\ 1 \end{bmatrix} \in \mathbb{R}^4 \tag{3.46}$$

Les coordonnées homogènes d'un vecteur $v = \mathbf{X} - \mathbf{Y}$ sont définies comme étant la différence de coordonnées homogènes de deux points, sous la forme :

$$\bar{v} = \begin{bmatrix} v \\ 0 \end{bmatrix} = \begin{bmatrix} Y \\ 1 \end{bmatrix} = \begin{bmatrix} X \\ 1 \end{bmatrix} = \begin{bmatrix} v_1 \\ v_2 \\ v_3 \\ 0 \end{bmatrix} \in \mathbb{R}^4 \tag{3.47}$$

En $\mathbb{R}^4$, les vecteurs avec la forme ci-dessus donnent lieu à un sous-espace. Ainsi, la structure linéaire des vecteurs originaux $v \in \mathbb{R}^3$ est conservée dans la nouvelle représentation capable de faire la distinction entre points et vecteurs de manière explicite. Avec cette notation, l'équation 3.43 s'écrit :

$$\bar{\mathbf{X}}_w = \begin{bmatrix} \mathbf{X}_w \\ 1 \end{bmatrix} = \begin{bmatrix} R_{wc} & T_{wc} \\ 0 & 1 \end{bmatrix} \begin{bmatrix} \mathbf{X}_c \\ 1 \end{bmatrix} \doteq \bar{g}_{wc} \bar{\mathbf{X}}_c \tag{3.48}$$

où la matrice 4×4, $\bar{g}_{wc} \in \mathbb{R}^{4 \times 4}$ est la représentation homogène d'un mouvement rigide $g_{wc} = (R_{wc}, T_{wc}) \in SE(3)$. Si $g = (R, T)$, alors sa représentation homogène devient :

$$\bar{g} = \left[\begin{array}{cc} R & T \\ 0 & 1 \end{array} \right] \in \mathbb{R}^{4 \times 4} \tag{3.49}$$

Pour vérifier que $SE(3)$ satisfait toutes les conditions d'un groupe, et particulièrement $\forall g_1, g_2$ et $g \in SE(3)$, nous choisissons de le démontrer :

$$\bar{g}_1 \bar{g}_2 = \left[\begin{array}{cc} R_1 & T_1 \\ 0 & 1 \end{array} \right] \left[\begin{array}{cc} R_2 & T_2 \\ 0 & 1 \end{array} \right] = \left[\begin{array}{cc} R_1 R_2 & R_1 T_2 + T_1 \\ 0 & 1 \end{array} \right] \in SE(3) \tag{3.50}$$

et

$$\bar{g}_{-1} = \left[\begin{array}{cc} R & T \\ 0 & 1 \end{array} \right]^{-1} = \left[\begin{array}{cc} R^T & -R^T T \\ 0 & 1 \end{array} \right] \in SE(3) \tag{3.51}$$

Si la représentation est homogène, l'action d'une transformation d'un corps rigide $g \in SE(3)$ en un vecteur $v = \mathbf{Y} - \mathbf{X} \in \mathbb{R}^3$ devient :

$$\bar{g}_*(\bar{v}) = \bar{g}\bar{\mathbf{Y}} - \bar{\mathbf{X}} = \bar{g}\bar{v} \tag{3.52}$$

où $\bar{g}_*(\bar{v})$ est une multiplication matricielle.

3.9 Conclusion

Dans ce chapitre, ont été présentées les relations géométriques entre une scène tri-dimensionnelle et son image prise par une caméra en mouvement grâce à l'interaction de deux transformations fondamentales : le mouvement d'un corps rigide qui modélise le déplacement de la caméra et la projection perspective qui décrit le processus de formation de l'image. La projection perspective est traitée dans le chapitre suivant.

Modélisation et calibration de caméras

4.1   Représentation des images

Une image est un tableau bi-dimensionnel d'éclats, autrement dit est une fonction I, définie sur une région compacte Ω de surface bi-dimensionnelle. Dans le cas d'une caméra, Ω est une région rectangulaire plate occupée par le médium photographique ou le capteur CCD (Charge-Coupled Device ou dispositif de transfert de charges). La fonction I est définie comme suit :

$$I : \Omega \subset \mathbb{R}^2 \to \mathbb{R}_+ ; (x, y) \mapsto I(x, y) \tag{4.1}$$

Les valeurs de l'image I dépendent des propriétés physiques de la scène observée.

4.2   Photométrie de base

Nous devons spécifier la valeur de $I(x, y)$ dans Ω en chaque point (x, y). La valeur I exprimée en unité de puissance par unité de surface (W/m^2) représente la quantité d'énergie nécessaire au capteur d'image. L'irradiance d'un point de coordonnées (x, y) est obtenue par intégration des énergies en temps et espace.

FIGURE 4.1 – Une image Im en niveau de gris.

4.2.1   Image au travers de lentilles

Une caméra est un système optique composé d'un ensemble de lentilles capables de conduire la lumière. Au travers de la lentille la lumière subit un changement de direction et se propage via différents phénomènes tels que la diffraction, la réfraction et la réflexion. Dans ce mémoire, nous considérons le modèle le plus simple des lentilles minces, fournu par un axe optique et un plan perpendiculaire à l'axe, le plan focal. L'intersection du plan focal avec l'axe optique constitue une ouverture

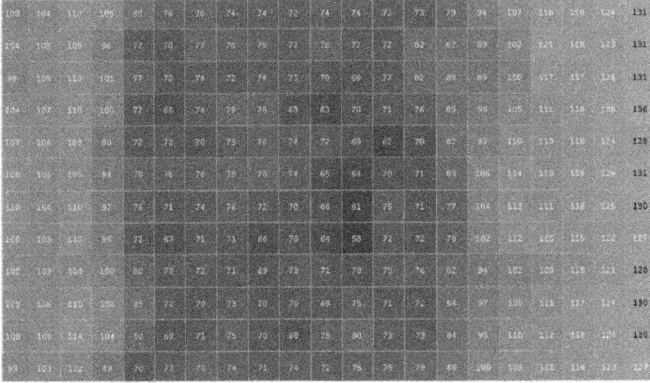

FIGURE 4.2 – Échantillonnage de l'image Im représentée par une matrice bi-dimensionnelle.

circulaire centrée. La lentille mince possède deux paramètres : la distance focale f et le diamètre d. Sa fonction se caractérise par deux propriétés. La première propriété indique que tous les rayons qui pénètrent sont parallèles à l'axe optique à une distance f du centre optique. Le point d'intersection est nommé foyer. La deuxième propriété implique qu'aucun rayon est dévié. Particulièrement, si un rayon x parallèle à l'axe optique arrive au point p, selon les propriétés du triangle similaire, l'équation fondamentale de la lentille mince est alors :

$$\frac{1}{Z} + \frac{1}{z} = \frac{1}{f} \tag{4.2}$$

Le point x est l'image du point p. Ainsi l'irradiante $I(x)$ du point x de coordonnées (x, y) dans le plan image, s'obtient par intégration de la totalité de l'énergie émise par la région de l'espace. L'énergie émise est contenue dans le cône lui-même déterminé par la géométrie des lentilles.

4.2.2   Image au travers du sténopé

Si le point p de coordonnées $\mathbf{X} = [X, Y, Z]^T$ dans le référentiel centré par rapport au centre optique o, et l'axe z est parallèle à l'axe optique (de la lentille), alors à partir des triangles similaires, les coordonnées de p et son image x sont liées par la projection perspective idéale :

$$x = -f\frac{X}{Z}, \qquad y = -f\frac{Y}{Z} \tag{4.3}$$

où f est la distance focale. Parfois, la projection s'écrit comme une fonction :

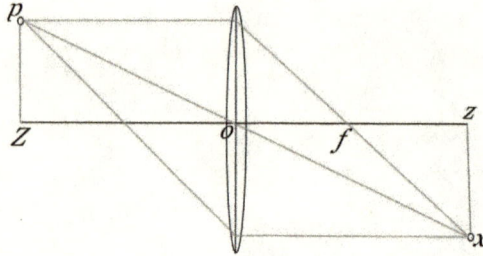

FIGURE 4.3 – L'image du point p est le point x où le rayon parallèle à l'axe optique et le rayon qui traverse le centre optique o se croisent.

$$\pi : \mathbb{R}^3 \to \mathbb{R}^2; \qquad \mathbf{X} \mapsto x \qquad\qquad (4.4)$$

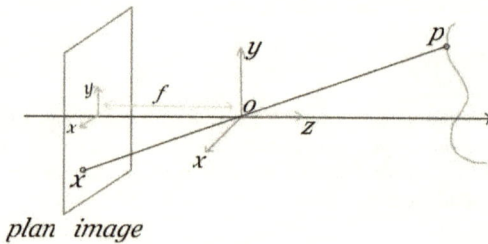

FIGURE 4.4 – Le plan image avec l'image inversée.

Le signe négatif de l'équation (4.3) signifie que l'image apparaît inversée au plan image. Pour éliminer cet effet, nous pouvons retourner l'image $(x, y) \mapsto (-x, -y)$, cela correspond à placer le plan image $\{z = -f\}$ en face du centre optique au lieu de $\{z = +f\}$. Nous considérons alors, le modèle du sténopé frontal. Dans ce cas, l'image $x = [x, y]^T$ du point p, est :

$$x = f\frac{X}{Z}, \qquad y = f\frac{Y}{Z} \tag{4.5}$$

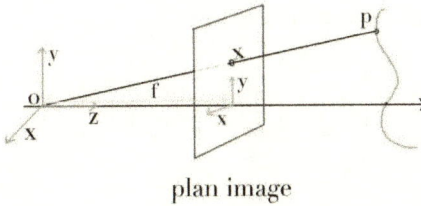

FIGURE 4.5 – Le plan image.

En pratique, la taille du plan image est bornée, ainsi les points p situés dans l'espace ne génèrent pas d'image x dans le plan image. Le champ de vision se définit comme l'angle sous-tendu par l'étendue spatiale du capteur, à partir du centre optique. Si l'extension spatiale du capteur est égale à $2r$, dans ce cas le champ de vision est $\theta = arctan(r/f)$. Si on utilise un plan plat comme plan image, alors l'angle θ est toujours inférieur à 180°.

4.3 Modèle géométrique

La correspondance précise entre les points de l'espace 3D et une image projetée dans le plan image 2D, prend en compte trois types de transformations :

1. la transformation de coordonnées entre le référentiel de la caméra et le référentiel du monde ;

2. la projection de coordonnées 3D en coordonnées 2D ;

3. la transformation de coordonnées parmi les choix possibles du référentiel de coordonnées image.

4.3.1 Caméra de perspective idéale

Nous considérons le point générique p, de coordonnées $\mathbf{X}_0 = [X_0, Y_0, Z_0]^T \in \mathbb{R}$. Les coordonnées $\mathbf{X} = [X, Y, Z]^T$ du point p, liées au référentiel de la caméra sont liées à une transformation rigide $g = (R, T)$ de $\mathbf{X}_0$:

$$\mathbf{X} = R\mathbf{X}_0 + T, \qquad \in \mathbb{R}^3 \tag{4.6}$$

En utilisant le modèle de la caméra frontale ci-dessus, on déduit que le point $\mathbf{X}$ est projeté dans le plan image au point

$$x = \begin{bmatrix} x \\ y \end{bmatrix} = \frac{f}{Z} \begin{bmatrix} X \\ Y \end{bmatrix} \tag{4.7}$$

Cette relation de coordonnées homogènes est égale à

$$Z \begin{bmatrix} x \\ y \\ 1 \end{bmatrix} = \begin{bmatrix} f & 0 & 0 & 0 \\ 0 & f & 0 & 0 \\ 0 & 0 & 1 & 0 \end{bmatrix} \begin{bmatrix} X \\ Y \\ Z \\ 1 \end{bmatrix} \tag{4.8}$$

ou

$$Z\bar{\mathbf{x}} = \begin{bmatrix} f & 0 & 0 & 0 \\ 0 & f & 0 & 0 \\ 0 & 0 & 1 & 0 \end{bmatrix} \bar{\mathbf{X}} \tag{4.9}$$

où $\bar{\mathbf{X}} \doteq [X, Y, Z, 1]^T$ et $\bar{\mathbf{x}} \doteq [x, y, 1]^T$ sont en représentation homogène. La coordonnée Z (c'est à dire la profondeur au point p) reste inconnue et sera dénoté par le scalaire arbitraire $\lambda \in \mathbb{R}_+$. Alors, l'équation (4.9), peut s'écrire comme :

$$\begin{bmatrix} f & 0 & 0 & 0 \\ 0 & f & 0 & 0 \\ 0 & 0 & 1 & 0 \end{bmatrix} = \begin{bmatrix} f & 0 & 0 \\ 0 & f & 0 \\ 0 & 0 & 1 \end{bmatrix} \begin{bmatrix} 1 & 0 & 0 & 0 \\ 0 & 1 & 0 & 0 \\ 0 & 0 & 1 & 0 \end{bmatrix} \tag{4.10}$$

Nous définissons deux matrices

$$K_f \doteq \begin{bmatrix} f & 0 & 0 \\ 0 & f & 0 \\ 0 & 0 & 1 \end{bmatrix} \in \mathbb{R}^{3 \times 3}, \qquad \Pi_0 \doteq \begin{bmatrix} 1 & 0 & 0 & 0 \\ 0 & 1 & 0 & 0 \\ 0 & 0 & 1 & 0 \end{bmatrix} \in \mathbb{R}^{3 \times 4} \tag{4.11}$$

La matrice Π_0 est une projection standard ou canonique.

En résumé, le modèle géométrique d'une caméra idéale peut se décrire comme suit :

$$\lambda \begin{bmatrix} x \\ y \\ 1 \end{bmatrix} = \begin{bmatrix} f & 0 & 0 \\ 0 & f & 0 \\ 0 & 0 & 1 \end{bmatrix} \begin{bmatrix} 1 & 0 & 0 & 0 \\ 0 & 1 & 0 & 0 \\ 0 & 0 & 1 & 0 \end{bmatrix} \begin{bmatrix} R & T \\ 0 & 1 \end{bmatrix} \begin{bmatrix} X_0 \\ Y_0 \\ Z_0 \\ 1 \end{bmatrix} \tag{4.12}$$

sous forme matricielle :

$$\lambda\bar{\mathbf{x}} = K_f \Pi_0 \bar{\mathbf{X}} = K_f \Pi_0 g \bar{\mathbf{X}}_0 \tag{4.13}$$

Si la distance focale f est connue, alors elle peut être normalisée à 1. Ce modèle peut être réduit à une transformation euclidienne g suivie d'une projection standard Π_0

$$\lambda\bar{\mathbf{x}} = \Pi_0 \bar{\mathbf{X}} = \Pi_0 g \bar{\mathbf{X}}_0 \tag{4.14}$$

4.3.2 Paramètres intrinsèques de la caméra

Le modèle idéal (4.13) est lié au choix particulier du référentiel de référence, centré à son centre optique lui-même ayant un axe aligné à l'axe optique. Quand nous considérons une image d'une caméra numérique, les mesures obtenues sont exprimées en pixels (i, j). Initialement, l'origine du référentiel est le coin supérieur gauche de l'image. Pour obtenir le modèle (4.13) nous devons spécifier la relation entre le plan du référentiel rétinien et le tableau de pixels. D'abord, il faut spécifier les unités sur l'axe x et sur l'axe y en termes d'unités métriques. Les coordonnées pixels en (x_s, y_s) s'expriment comme :

$$\begin{bmatrix} x_s \\ y_s \end{bmatrix} = \begin{bmatrix} s_x & 0 \\ 0 & s_y \end{bmatrix} \begin{bmatrix} x \\ y \end{bmatrix} \tag{4.15}$$

où (x_s, y_s) dépendent de la taille du pixel s_x, s_y exprimée en unités métriques pour les directions x et y. Seul dans le cas où $s_x = s_y$, le pixel est carré, sinon il est rectangulaire. Cependant x_s et y_s sont mesurés par rapport au point principal (où l'axe z croise l'image plan), tandis que l'index (i, j) de chaque pixel est spécifié en relation au coin supérieur à gauche, toujours indiqué par des nombres positifs. Pour déplacer l'origine du référentiel vers ce coin nous utilisons :

$$x' = x_s + o_x \tag{4.16}$$

$$y' = y_s + o_y \tag{4.17}$$

où (o_x, o_y) sont les coordonnées en pixels du point principal par rapport au référentiel de l'image. Alors les coordonnées image obtenues par le vecteur $\bar{\mathbf{x}}' = [x', y', 1]^T$ au lieu des coordonnées image idéales $\bar{\mathbf{x}} = [x, y, 1]^T$ sont :

$$x' \doteq \begin{bmatrix} x' \\ y' \\ 1 \end{bmatrix} \begin{bmatrix} s_x & 0 & o_x \\ 0 & s_y & o_y \\ 0 & 0 & 1 \end{bmatrix} \begin{bmatrix} x \\ y \\ 1 \end{bmatrix} \tag{4.18}$$

Dans l'équation ci-dessus, x' et y' sont les coordonnées image en pixels. Si les pixels ne sont pas rectangulaires, la matrice peut s'écrire :

$$\begin{bmatrix} s_x & s_\theta \\ 0 & s_y \end{bmatrix} \in \mathbb{R}^{2\times 2} \tag{4.19}$$

où s_θ est le facteur d'inclinaison proportionnel à $cot(\theta)$, où θ est l'angle entre les images x_s et y_s. Ainsi la matrice de transformation (4.18) devient :

$$K_s \doteq \begin{bmatrix} s_x & s_\theta & o_x \\ 0 & s_y & o_y \\ 0 & 0 & 1 \end{bmatrix} \in \mathbb{R}^{3\times 3} \tag{4.20}$$

En combinant le modèle de projection avec le facteur d'échelle et la translation, on obtient un modèle de transformation entre les coordonnées homogènes d'un point

3D par rapport au référentiel de la caméra et les coordonnées homogènes de son image exprimées en pixels :

$$\lambda \begin{bmatrix} x' \\ y' \\ 1 \end{bmatrix} = \begin{bmatrix} s_x & s_\theta & o_x \\ 0 & s_y & o_y \\ 0 & 0 & 1 \end{bmatrix} \begin{bmatrix} f & 0 & 0 \\ 0 & f & 0 \\ 0 & 0 & 1 \end{bmatrix} \begin{bmatrix} 1 & 0 & 0 & 0 \\ 0 & 1 & 0 & 0 \\ 0 & 0 & 1 & 0 \end{bmatrix} \begin{bmatrix} X \\ Y \\ Z \\ 1 \end{bmatrix} \qquad (4.21)$$

Par conséquent, le calcul de l'image réelle s'effectue en deux étapes :
- La première étape consiste en une projection standard selon le système de coordonnées normalisées. Celle-ci est caractérisée par la matrice de projection standard $\Pi_0 = [I, 0]$.

- Le deuxième étape comprend une transformation additionnelle qui dépend des paramètres de la caméra tel que la distance focale f, les facteurs d'échelle s_x, s_y, s_θ et les centres de décalage.

La deuxième transformation se caractérise par la combinaison de matrices K_s et K_f :

$$K \doteq K_s K_f \doteq \begin{bmatrix} s_x & s_\theta & o_x \\ 0 & s_y & o_y \\ 0 & 0 & 1 \end{bmatrix} \begin{bmatrix} f & 0 & 0 \\ 0 & f & 0 \\ 0 & 0 & 1 \end{bmatrix} = \begin{bmatrix} fs_x & fs_\theta & o_x \\ 0 & fs_y & o_y \\ 0 & 0 & 1 \end{bmatrix} \qquad (4.22)$$

Nous pouvons alors écrire l'équation de projection de la façon suivante :

$$\lambda x' = K\Pi_0 \bar{\mathbf{X}} = \begin{bmatrix} fs_x & fs_\theta & o_x \\ 0 & fs_y & o_y \\ 0 & 0 & 1 \end{bmatrix} \begin{bmatrix} 1 & 0 & 0 & 0 \\ 0 & 1 & 0 & 0 \\ 0 & 0 & 1 & 0 \end{bmatrix} \begin{bmatrix} X \\ Y \\ Z \\ 1 \end{bmatrix} \qquad (4.23)$$

La matrice Π_0 de taille 3×4 représente la projection perspective. La matrice triangulaire supérieure K de taille 3×3, rassemble tous les paramètres intrinsèques d'une caméra particulière. Elle est nommée matrice de paramètres intrinsèques ou matrice de calibration de la caméra et contient les interprétations géométriques suivantes :
- o_x : la coordonnée x du point principal en pixels,

- o_y : la coordonnée y du point principal en pixels,

- $fs_x : \alpha_x$: la taille des pixels de longueur unitaire sur l'axe horizontal,

- $fs_y : \alpha_y$: la taille des pixels de longueur unitaire sur l'axe vertical,

- α_x/α_y : le rapport d'aspect γ,

- fs_α : la déviation du pixel, souvent proche de zéro.

Si la matrice de calibration K est connue, alors les coordonnées calibrées de x peuvent être obtenues à partir des coordonnées en pixel x' par simple inversion de K :

$$\lambda x = \lambda K^{-1} x' = \Pi_0 \mathbf{X} = \begin{bmatrix} 1 & 0 & 0 & 0 \\ 0 & 1 & 0 & 0 \\ 0 & 0 & 1 & 0 \end{bmatrix} \begin{bmatrix} X \\ Y \\ Z \\ 1 \end{bmatrix} \tag{4.24}$$

En résumé, la relation géométrique entre un point donné de coordonnées $\bar{\mathbf{X}}_0 = [X_0, Y_0, Z_0, 1]^T$ par rapport au référentiel du monde et son image correspondante, $\bar{\mathbf{x}}' = [x', y', 1]^T$, dépend d'un mouvement du corps rigide (R, T) entre le référentiel du monde et le référentiel de caméra : soit des paramètres extrinsèques de calibration. Le modèle de la formation de l'image est :

$$\lambda \begin{bmatrix} x' \\ y' \\ 1 \end{bmatrix} = \begin{bmatrix} fs_x & fs_\theta & o_x \\ 0 & fs_y & o_y \\ 0 & 0 & 1 \end{bmatrix} \begin{bmatrix} f & 0 & 0 \\ 0 & f & 0 \\ 0 & 0 & 1 \end{bmatrix} \begin{bmatrix} 1 & 0 & 0 & 0 \\ 0 & 1 & 0 & 0 \\ 0 & 0 & 1 & 0 \end{bmatrix} \begin{bmatrix} R & T \\ 0 & 1 \end{bmatrix} \begin{bmatrix} X_0 \\ Y_0 \\ Z_0 \\ 1 \end{bmatrix}$$
$$\tag{4.25}$$

Sous forme matricielle, nous avons :

$$\lambda \bar{\mathbf{x}}' = K\Pi_0 \bar{\mathbf{X}} = [KR, KT]\bar{\mathbf{X}}_0 \tag{4.26}$$

Également nous pouvons écrire la matrice ci-dessus de la manière suivante :

$$\lambda x' = \Pi \bar{\mathbf{X}}_0 = K\Pi_0 g \bar{\mathbf{X}}_0 \tag{4.27}$$

Pour vérifier la nature non linéaire de l'équation de projection perspective, l'équation (4.27) peut être divisée par le facteur d'échelle λ. On obtient ainsi les équations de coordonnées image suivantes :

$$x' = \frac{\pi_1^T \mathbf{X}_0}{\pi_3^T \mathbf{X}_0}, \quad y' = \frac{\pi_2^T \mathbf{X}_0}{\pi_3^T \mathbf{X}_0}, \quad z' = 1, \tag{4.28}$$

où $\pi_1^T, \pi_2^T, \pi_3^T \in \mathbb{R}^4$ correspondent aux trois lignes de la matrice de projection Π. Soit

$$\Pi = \begin{bmatrix} \pi_1^T & | & \pi_{14} \\ \pi_2^T & | & \pi_{24} \\ \pi_3^T & | & \pi_{34} \end{bmatrix} = [\pi | \bar{\pi}] \tag{4.29}$$

Donc, les coordonnées $\mathbf{o}$ du centre de projection $\mathbf{O}$ s'obtiennent par :

$$\mathbf{o} = -\pi^{-1} \bar{\pi} \tag{4.30}$$

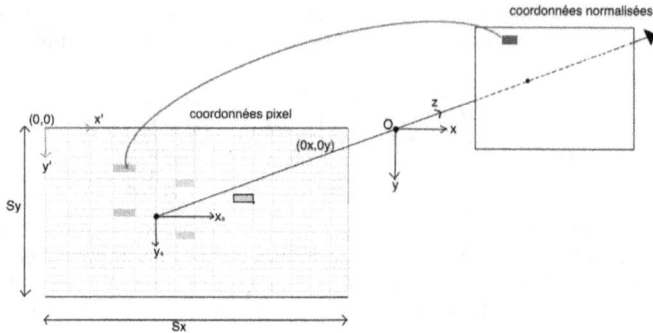

FIGURE 4.6 – Transformation de coordonnées normalisées à coordonnées pixels.

4.3.3   Image, pré-image et co-image de points et lignes

Pour spécifier une ligne dans un espace 3D, nous pouvons spécifier un point base p_0 situé sur la ligne et un vecteur v indiquant la direction de la ligne. Supposons que les coordonnées homogènes du point base sont $\mathbf{X}_o = [X_o, Y_o, Z_o, 1]^T$ et que $\mathbf{V} = [V_1, V_2, V_3, 0] \in \mathbb{R}^4$ est la représentation homogène de v, par rapport au référentiel de caméra. Alors les coordonnées homogènes de n'importe quel point de la ligne L sont :

$$\mathbf{X} = \mathbf{X}_o + \mu\mathbf{V}, \qquad \mu \in \mathbb{R} \tag{4.31}$$

L'image de la ligne L est obtenue par l'ensemble des points image ayant comme coordonnées homogènes :

$$x \backsim \Pi_0\mathbb{X} = \Pi_0(\mathbb{X}_\times + \mu\mathbb{V}) = \Pi_0\mathbb{X}_o + \mu\Pi_0\mathbb{V} \tag{4.32}$$

Définition 6. *La pré-image d'un point (ou d'une ligne) définie dans un plan image, est un ensemble de points 3D qui donnent lieu à une image égale au point ou à la ligne donné(e).*

Définition 7. *La co-image d'un point (ou d'une ligne) est définie par le sous-espace en $\mathbb{R}^3$ tel qu'il est l'unique complément orthogonal de la pré-image.*

L'image, la pré-image et la co-image, sont représentées de manière équivalentes,
- image = pré-image $\bigcap$ plan image

- pré-image= envergure(image)

- pré-image=co-image$^\perp$

- co-image=préimage$^\perp$

Ainsi l'image d'une ligne L est un sous-espace bi-dimensionnel. Sa co-image se représente comme étant le sous-espace vectoriel engendré. La notation utilisée est $l = [a, b, c]^T \in \mathbb{R}^3$, traduisant que si x est l'image du point p dans cette ligne, alors celle-ci satisfait l'équation d'orthogonalité $l^T x = 0$.

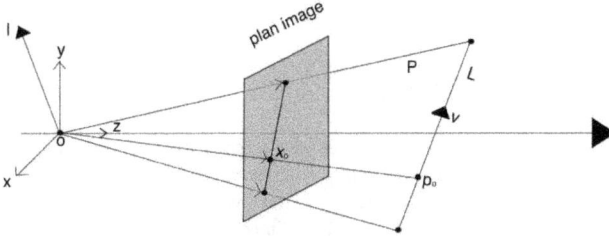

FIGURE 4.7 – Image projective d'une ligne L dans l'espace 3D. Le plan P est formé par l'ensemble de points image. L'intersection du plan P et du plan image forme une ligne droite l.

4.4 Formation de l'image dans la géometrie projective

Un espace projectif n−dimensionnel $\mathbb{P}^n$ est l'ensemble de sous-espaces uni-dimensionnels dans l'espace vectoriel $\mathbb{R}^{n+1}$. Au point p en $\mathbb{P}^n$ on peut attribuer une coordonnée homogène $\mathbf{X} = [x_1, x_2, \ldots, x_{n+1}]^T$ pour laquelle au moins un $x_i \neq 0$. Pour tout $\lambda \in \mathbb{R}$ différent de zéro, les coordonnées $\mathbf{Y} = [\lambda x_1, \lambda x_2, \ldots, \lambda x_{n+1}]^T$ représentent le même point p en $\mathbb{P}^n$. Alors, on peut dire que $\mathbf{X}$ et $\mathbf{Y}$ sont équivalents, et sont notifiés de la façon suivante $\mathbf{X} \sim \mathbf{Y}$.

En utilisant cette définition, $\mathbb{R}^n$ en sa représentation homogène, s'identifie comme un sous-ensemble de $\mathbb{P}^n$ comprenant les points $\mathbf{X} = [x_1, x_2, \ldots, x_{n+1}]^T$ où $x_{n+1} \neq 0$. Par conséquent, nous pouvons normaliser la dernière valeur du vecteur en la divisant par x_{n+1}. Dans le modèle du sténopé décrit en (4.14), $\lambda x'$ et x' représentent le même point projectif en $\mathbb{P}^2$, par conséquent le même point $2 - D$ dans le plan image. Supposons que la matrice de projection

$$\Pi = K\Pi_0 g = [KR, KT] \in \mathbb{R}^{3\times 4} \tag{4.33}$$

Alors, le modèle de la caméra se réduit à une projection à partir de l'espace projectif tri-dimensionnel $\mathbb{P}^3$ vers l'espace projectif bi-dimensionnel $\mathbb{P}^2$,

$$\pi : \mathbb{P}^3 \to \mathbb{P}^2; \qquad \mathbf{X}_0 \mapsto x' \sim \Pi\mathbf{X}_0. \tag{4.34}$$

Le point restant en $\mathbb{P}^3$ de coordonnée $x_4 = 0$, est un point infiniment éloigné de l'origine. En effet, tous les points de coordonnées $[X, Y, Z, 0]$ forment un plan bi-dimensionnel décrit par l'équation $[0, 0, 0, 1]^T \mathbf{X} = 0$, qui est le plan à l'infini P_∞. En d'autres termes :

$$P_\infty \doteq \mathbb{P}^3 \setminus \mathbb{R}^3 (= \mathbb{P}^2) \qquad (4.35)$$

Cette généralisation nous permet de prendre en compte les points infiniment éloignés de la caméra.

4.5 Vision stéréoscopique

La vision stéréoscopique est définie comme la capacité à déduire l'information d'une structure tri-dimensionnelle couplée à la distance de la scène à partir de deux ou plusieurs images prises depuis différentes caméras avec différents points de vues. Une seule vue ne permet pas de voir en 3 dimensions, alors plusieurs vues sont nécessaires pour évaluer la position 3D des objets par triangulation (parallaxe). Une vue supplémentaire peut être obtenue par l'ajout d'une caméra ou en déplaçant cette même caméra. La géométrie épipolaire est un outil permettant de réaliser la vision stéréoscopique. La figure 4.8 montre trois systèmes de coordonnées : deux plans images pour chaque caméra et un autre pour l'espace tri-dimensionnel, le référentiel du monde. La distance entre deux centres optiques o_1 et o_2 correspond au niveau de référence.

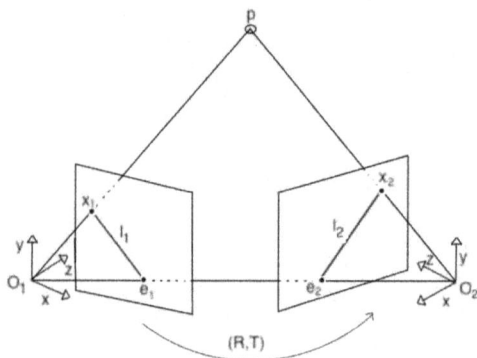

FIGURE 4.8 – Deux projections $\mathbf{x}_1, \mathbf{x}_2 \in \mathbb{R}^3$ d'un point 3D p à partir de deux perspectives. La transformation euclidienne entre deux cameras est donnée par $(R, T) \in SE(3)$. L'intersection de la ligne (o_1, o_2) en chaque plan image est une épipole (e_1, e_2). Les lignes (ℓ_1, ℓ_2) sont épipolaires, formant une intersection avec le plan (o_1, o_2, p) avec les deux plan images.

4.5.1 Contrainte épipolaire et matrice essentielle

Soit le point p relatif à deux référentiels $\mathbf{X_1}, \mathbf{X_2} \in \mathbb{R}^3$, liés par une transformation rigide :

$$\mathbf{X}_2 = R\mathbf{X}_1 + T \tag{4.36}$$

Soient $x_1, x_2 \in \mathbf{R}^3$ les coordonnées homogènes de la projection du point p dans les deux plans image comme $\mathbf{X}_i = \lambda_i \mathbf{x}_i, i = 1, 2$, alors l'équation (4.36) devient :

$$\lambda_2 \mathbf{x}_2 = R\lambda_1 \mathbf{x}_1 + T. \tag{4.37}$$

Afin de supprimer la profondeur λ_i de l'équation précédente, les deux côtés peuvent être multipliés par $\hat{T}$

$$\lambda_2 \hat{T} \mathbf{x}_2 = \hat{T} R \lambda_1 \mathbf{x}_1 \tag{4.38}$$

Selon le produit scalaire $\langle \mathbf{x}_2, \hat{T}\mathbf{x}_2 \rangle = \mathbf{x}_2^T \hat{T}\mathbf{x}_2 = 0$, nous pouvons en déduire que le théorème de la contrainte épipolaire est :

Soient $\mathbf{x}_1, \mathbf{x}_2$ deux images du point p, à partir de deux positions caméra (R, T) où $R \in SO(3)$ est l'orientation relative et $T \in \mathbb{R}^3$ est la position relative, $SE(3) = \{g = (R, T) | R \in SO(3), T \in \mathbb{R}^3 = SO(3) \in \times \mathbb{R}^3\}$, alors $\mathbf{x}_1, \mathbf{x}_2$, satisfont :

$$\langle \mathbf{x}_2, T \times R\mathbf{x}_1 \rangle = 0, \quad or \quad \mathbf{x}_2^T \hat{T} R \mathbf{x}_1 = 0 \tag{4.39}$$

La matrice essentielle

$$E \doteq \hat{T} R \quad \in \mathbb{R}^{3 \times 3} \tag{4.40}$$

code la position relative entre les deux caméras. La contrainte épipolaire est une forme bilinéaire pour chacun des arguments. À partir de l'image, nous pouvons observer que le vecteur qui connecte le centre optique de la première caméra o_1, le point p, le vecteur qui connecte le centre optique de la deuxième caméra o_2 et le vecteur qui connecte les deux centres optiques, forment un triangle. Comme les trois vecteurs sont positionnés sur le même plan, le produit mixte est égal à zéro. La translation T entre les deux centres optiques o_1 et o_2, est le niveau de référence.

1. Le plan (o_1, o_2, p) déterminé par les deux centres de projection o_1, o_2 et le point p est le plan épipolaire associé à la configuration de la caméra et au point p. Il y a un plan épipolaire pour chaque point p.

2. La projection $e_1(e_2)$ du centre de la caméra sur le plan image de l'autre caméra référence s'appelle épipôle. Cette projection peut se produire en dehors des limites du capteur.

3. L'intersection du plan épipolaire du point p avec un plan image est la ligne $\ell_1(\ell_2)$ appelée ligne épipolaire de p. Le vecteur normal $\ell_1(\ell_2)$ du plan épipolaire est utilisé pour indiquer cette ligne.

En raison du fait qu'une matrice essentielle $E = \hat{T}R$, définit une relation épipolaire entre deux images x_1 et x_2, on peut proposer les 3 points suivants :

1. Les deux épipôles $e_1, e_2 \in \mathbb{R}^3$, par rapport au premier et deuxième référentiel de la caméra, correspondent aux espaces de noyau nul :

$$e_2^T E = 0, \qquad E e_1 = 0. \tag{4.41}$$

en d'autres termes, $e_2 \sim T$ et $e_1 \sim R^T T$.

2. Les lignes épipolaires $\ell_1, \ell_2 \in \mathbb{R}^3$ associées aux points images $\mathbf{x}_1, \mathbf{x}_2$, s'écrivent :

$$\ell_2 \sim E \mathbf{x}_1, \qquad \ell_1 \sim E^T \mathbf{x}_2 \qquad \in \mathbb{R}^3 \tag{4.42}$$

où ℓ_1 et ℓ_2 sont les vecteurs normaux du plan épipolaire par rapport aux deux caméras référentielles.

3. Pour chaque image, les deux points images et les épipôles reposent sur la ligne épipolaire,

$$\ell_i^T \mathbf{e}_i = 0, \qquad \ell_i^T \mathbf{x}_i = 0, \qquad i = 1, 2. \tag{4.43}$$

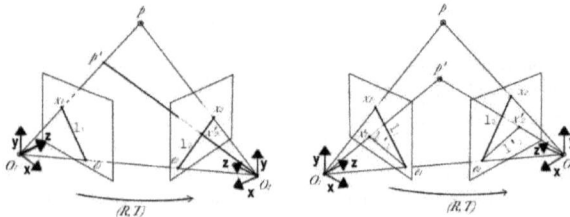

FIGURE 4.9 – Image de gauche : la matrice essentielle E associée à la contrainte épipolaire, est liée au point image $\mathbf{x}_1$ de la première image avec la ligne épipolaire $\ell_2 = E \mathbf{x}_1$ de la deuxième image ; la localisation précise de son image correspondante ($\mathbf{x}_2$ ou $\mathbf{x}'_2$) dépend de la localisation du point 3D (p ou p') sur le rayon $(o_1, \mathbf{x}_1)$. Image de droite : si (o_1, o_2, p) et (o_1, o_2, p') sont deux plans différents, alors ils croisent les deux plans images, les deux lignes épipolaires (ℓ_1, ℓ_2) et (ℓ'_1, ℓ'_2). Ces lignes épipolaires passent toujours par la paire d'épipoles (e_1, e_2).

Nous connaissons la contrainte $det(\mathbf{E}) = 0$ grâce aux travaux de Huang et Faugeras [Luong 1996].

1. Les deux valeurs singulières non-nulles de la matrice essentielle $\mathbb{E}$, sont égales.

2. $(l_1^2 + l_2^2 + l_3^2)^2 = 4(\|l_1 \times l_2\|^2 + \|l_1 \times l_2\|^2 + \|l_1 \times l_2\|^2)$,

3. $trace^2(\mathbf{E}\mathbf{E}^T) = 2trace((\mathbf{E}\mathbf{E}^T)^2)$

où l_i, sont les lignes de la matrice $\mathbf{E}$. Une autre description des matrices essentielles qui est due à Maybank [S. J. 1990], s'obtient par les parts symétriques et antisymétriques suivantes :

$$sym(\mathbf{E}) = \frac{1}{2}(\mathbf{E} + \mathbf{E}^T), \qquad asym(\mathbf{E}) = \frac{1}{2}(\mathbf{E} - \mathbf{E}^T), \tag{4.44}$$

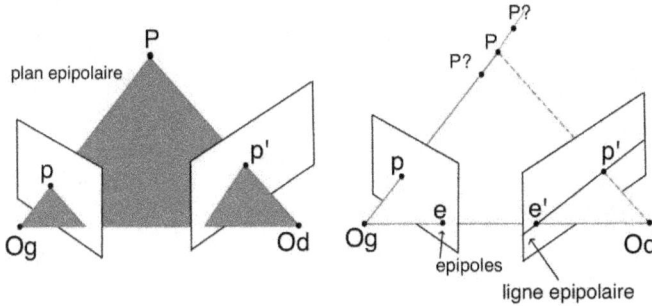

FIGURE 4.10 – L'image de gauche montre deux caméras dont les centres de projection sont O_g, O_d. Le point 3D P et ses points images p, p' se trouvent sur le plan épipolaire. L'image de droite montre le point p projeté par un rayon défini par le biais du centre de la caméra O_g. Ce rayon forme une ligne épipolaire sur l'image de droite. Le point 3D projeté par le point p doit se trouver sur la ligne épipolaire.

Une matrice de taille 3×3 qui satisfait $det(\mathbf{E}) = 0$ est une matrice essentielle si et seulement si les deux conditions suivantes sont respectées :

– Si $\lambda_1, \lambda_2, \lambda_3$ sont les valeurs propres du $sym(\mathbf{E})$, numérotées tel que $\lambda_1 \lambda_2 < 0$, alors : $\lambda_1 + \lambda_2 = \lambda_3$.

– Si $asym(\mathbf{E}) = [\mathbf{c}]_\times$, et $\mathbf{b}$ est le vecteur propre de $sym(\mathbf{E})$ associé à λ_3, alors $\mathbf{b}^T \mathbf{c} = 0$.

Ces conditions signifient que la matrice essentielle dans les systèmes de coordonnées associés aux vecteurs propres $\mathbf{E} + \mathbf{E}^T$ a la forme suivante :

$$\mathbf{E} = \begin{pmatrix} \lambda_1 & 0 & y \\ 0 & \lambda_2 & -x \\ -y & x & \lambda_1 + \lambda_2 \end{pmatrix} \tag{4.45}$$

Aussi $\mathbf{b} = \mathbf{t} - \mathbf{R}^T t$, où $\mathbf{E} = [t]_\times \mathbf{R}$.

4.5.1.1 Retrouver la rotation et la direction de la translation à partir de la matrice essentielle

Étant donné que la matrice $\mathbf{E}$ satisfait les contraintes (3), et prend la forme de $[t]_\times R$, afin de trouver la direction de translation il faut résoudre $\mathbf{E}^T t = 0$. Une solution $\mathbf{t}$ tel que $\|\mathbf{t}\| = 1$ et une autre solution la norme unitaire $-\mathbf{t}$. Donc deux solutions sont envisageables : $\mathbf{R}, \mathbf{E}^{*T} \pm [\mathbf{t}]_\times \mathbf{E}$. Les deux solutions sont liées par la rotation $\mathbf{R}_{t,\pi}$ de l'axe $\mathbf{t}$ et l'angle π. Puisque $\mathbf{R}_{t,\pi} = \mathbf{I}_3 + 2[\mathbf{t}]_\times^2$, la relation $[\mathbf{t}_\times]\mathbf{R}_{t,\pi \mathbf{R}} = -[\mathbf{t}]_\times \mathbf{R}$ est verifiée. Cependant Longuet-Higgins [Longuet-Higgins 1981], ont montré quatre possibles paires rotation/translation, sur deux choix possibles de $\mathbf{R}$ et deux signes de $\mathbf{t}$. Le choix correcte requiert que les points visibles soient devant les deux caméras. La procédure à suivre est le suivante :

– prendre un point parmi les données,

– projeter le point et trouver sa localisation 3D,

– déterminer la profondeur du point 3D dans les deux caméras,

– choisir la paire qui a une profondeur positive pour le deux caméras.

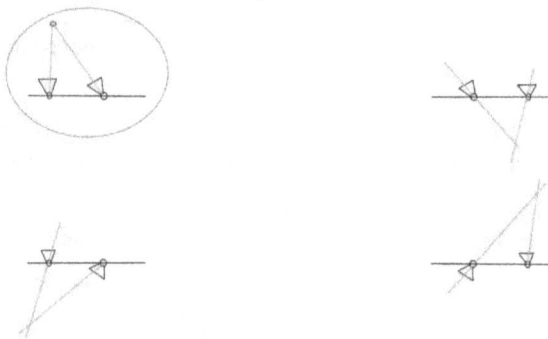

FIGURE 4.11 – Il existe 4 combinaisons possibles de rotations et translations. La combinaisons correcte est déterminée en regardant les interprétations géométriques.

Dans [Hartley 1992] la matrice $\hat{\mathbf{E}}$ appelée matrice essentielle fermée est exactement de la forme $[\mathbf{t}_\times]\mathbf{R}$ et minimise la norme de Frobenius $\|\hat{\mathbf{E}} - \mathbf{E}\|$. Celle-ci s'obtient de la façon suivante si la décomposition en valeurs singulières est $\mathbf{E} = \mathbf{U} diag(\sigma_1, \sigma_2, \sigma_3) \mathbf{V}^T$, avec $\sigma_1 > \sigma_2 > \sigma_3$, alors, $\hat{\mathbf{E}} = \mathbf{U} diag(\sigma, \sigma, 0) \mathbf{V}^T$ où

$\sigma = \frac{\sigma_1 + \sigma_2}{2}$. Étant donné que $\mathbf{U}$ et $\mathbf{V}$ sont deux matrices orthogonales, la décomposition du produit d'une matrice antisymétrique et une matrice orthogonale est possible :

$$\mathbf{E} = \sigma \underbrace{(\mathbf{U}[\mathbf{t_0}]_{\times}\mathbf{U}^T)}_{[\mathbf{t}]_{\times}} \underbrace{(\mathbf{UR_0V^T})}_{\mathbf{R}} \tag{4.46}$$

où

$$diag(\sigma,\sigma,0) = \sigma \underbrace{\begin{bmatrix} 0 & -1 & 0 \\ 1 & 0 & 0 \\ 0 & 0 & 0 \end{bmatrix}}_{[\mathbf{t_0}]_{\times}} \underbrace{\begin{bmatrix} 0 & 1 & 0 \\ -1 & 0 & 0 \\ 0 & 0 & 1 \end{bmatrix}}_{\mathbf{R_0}} \tag{4.47}$$

Les signes de $\mathbf{t}$ et $\mathbf{R}$ se déterminent à partir de $det\mathbf{R} \pm 1$. La seconde décomposition s'obtient en remplaçant les matrices $\mathbf{t_0}$ et $\mathbf{R_0}$ par leurs matrices transposées.

4.5.1.2 Définition de la disparité : cas des caméras parallèles.

Soit le pixel $\mathbf{x_1}$, dont (u_1, v_1) sont les coordonnées dans le premier plan, et soit $\mathbf{x_2}$ le pixel correspondant de coordonnées (u_2, v_2) dans le deuxième plan. La disparité se définit comme la différence $v_2 - v_1$. Une disparité égale à 0 implique que le point p se trouve à l'infini. Une relation simple entre la disparité et la distance du point 3D p existe, $d_{12} = v_2 - v_1 = d_{12}f/z$. Cette relation s'obtient à partir des triangles similaires $\mathbf{x_1}O_1c_1, \mathbf{x_1}p\mathbf{x_2}, \mathbf{x_2}O_2c_2$ (voir Figure 4.12). Par conséquent la coordonnée x du point p est obtenue par :

$$x = \frac{d_{12}}{2d}(v_1 + v_2) \tag{4.48}$$

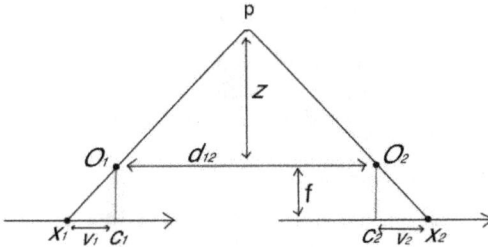

FIGURE 4.12 – Relation entre la profondeur et la disparité.

4.5.1.3 Définition de la disparité : cas général.

Si on considère le plan épipolaire $O_1O_2\mathbf{x}_1\mathbf{x}_2$ (voir Figure 4.13) et si p se déplace à partir de l'infini jusqu'au point O_1 le long de la demi ligne $\langle \mathbf{x}_1 O_1 \rangle$ alors $\mathbf{x}_2$ varie de $\mathbf{x}_{2\infty}$ jusqu'à l'épipole e_2. Les coordonnées de $\mathbf{x}_{2\infty}$ sont obtenues à partir de $\mathbf{x}_1$ et les matrices de projection Π_1 et Π_2. La direction de la ligne $\langle O_1 \mathbf{x}_1 \rangle$ est :

$$\mathbf{N}_1 = \Pi_1^{-1}\mathbf{x}_1 \qquad (4.49)$$

et $\mathbf{x}_{2\infty}$ est l'image du deuxième plan du point à l'infini $[\mathbf{N}_1^T, 0]^T$.

$$\mathbf{x}_{2\infty} = \Pi_2\Pi_1^{-1}\mathbf{x}_1 \qquad (4.50)$$

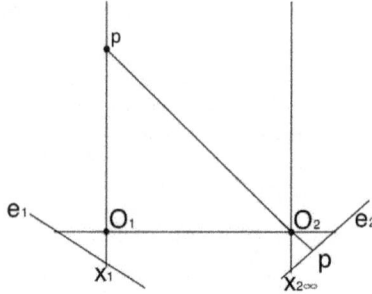

FIGURE 4.13 – Configuration du plan épipolaire.

Afin d'être capable de définir une disparité scalaire en fonction des coordonnées image de deux pixels correspondants, il est préférable de travailler avec une disparité d'un point p définit comme étant $d = 1/z$ (voir figure 4.14).

4.5.1.4 Rectification épipolaire

Il existe une configuration géométrique du capteur, particulièrement intéressante, lorsque deux caméras sont disposées de telle façon que leurs axes optiques (z et z') sont parallèles et que la droite FF' est confondue avec les axes horizontaux (y et y') des deux caméras. La matrice de transformation gauche/droite devient :

$$\mathbf{A} = \begin{pmatrix} 1 & 0 & 0 & 0 \\ 0 & 1 & 0 & b \\ 0 & 0 & 1 & 0 \\ 0 & 0 & 0 & 1 \end{pmatrix} \qquad (4.51)$$

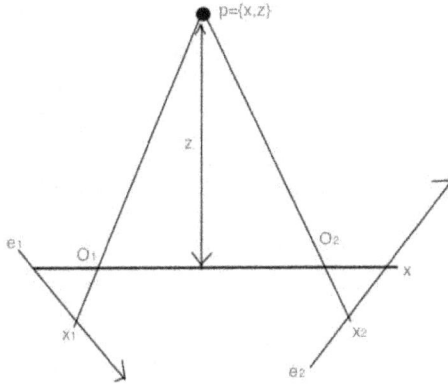

FIGURE 4.14 – Définition générale de la disparité.

Les lignes épipolaires sont fondamentales en vision stéréoscopique. Cependant on peut rectifier les deux images, en appliquant à chaque image une transformation de manière à obtenir une paire d'images stéréoscopiques co-planaires et parallèles à la droite passant par les centres de projection de deux caméras. La position des caméras pour des images rectifiées est telle que :

1. les centres de projection (O_1, O_2) restent inchangés.

2. les axes F_y et F_y' des caméras pour la position rectifiée sont parallèles à la droite FF'.

En la figure 4.15 nous regardons le principe de la rectification épipolaire. Si nous nous plaçons dans le repère (O, X, Y, Z), la calibration du capteur stéréoscopique donne les transformations $\mathbf{A}$ et $\mathbf{A}'$ du repère de calibrage respectivement vers les repères des caméras gauche et droite.

$$\mathbf{A} = \begin{pmatrix} \mathbf{R} & \mathbf{T} \\ 0 & 1 \end{pmatrix} \qquad \mathbf{A}' = \begin{pmatrix} \mathbf{R}' & \mathbf{T}' \\ 0 & 1 \end{pmatrix} \tag{4.52}$$

Les coordonnées de $\mathbf{F}$ dans le repère de calibrage s'obtiennent si $\mathbf{F}$ est l'origine du repère de la caméra gauche. Dans ce cas

$$\mathbf{R}\overrightarrow{OF} + \mathbf{T} = 0 \tag{4.53}$$

et pour la caméra de droite

$$\mathbf{R}'\overrightarrow{OF'} + \mathbf{T}' = 0 \tag{4.54}$$

Ainsi la direction de la droite FF' :

$$\overrightarrow{FF'} = \overrightarrow{OF'} - \overrightarrow{OF} \tag{4.55}$$

$$= \mathbf{R}^{-1}\mathbf{T} - \mathbf{R}'^{-1}\mathbf{T}' \tag{4.56}$$

La droite FF' n'est pas modifiée lors de la rectification. Si l'on choisit les axes des caméras rectifiées, pour la caméra de gauche, ces axes sont Fx_1, Fy_1 et Fz_1, avec Fy_1 parallèle à la droite FF'. On obtient donc pour le vecteur directeur de cet axe :

$$\mathbf{j}_1 = \frac{\overrightarrow{FF'}}{\|\overrightarrow{FF'}\|} \tag{4.57}$$

Les deux autres axes doivent être dans un plan perpendiculaire au vecteur $\mathbf{j}_1$. Le vecteur directeur de l'axe optique sera alors :

$$\mathbf{k}_1 = \frac{\mathbf{K}_1}{\|\mathbf{K}_1\|} \tag{4.58}$$

avec :

$$\mathbf{K}_1 = (\overrightarrow{OF} \times \overrightarrow{OF'}) \times \overrightarrow{FF'} \tag{4.59}$$

Le sens de $\mathbf{K}_1$ peut être déterminé par la contrainte :

$$\mathbf{K}_1 \cdot \mathbf{K} > 0 \tag{4.60}$$

où $\mathbf{K}$ est le vecteur directeur de l'axe optique de la caméra gauche dans sa position initiale. L'axe restant sera défini par :

$$\mathbf{i}_1 = \mathbf{j}_1 \times \mathbf{k}_1 \tag{4.61}$$

La transformation du repère de la mire au repère de la caméra gauche rectifiée est donc :

$$\mathbf{A}_1 = \begin{pmatrix} \mathbf{R}_1 & \mathbf{T} \\ 0 & 1 \end{pmatrix} \tag{4.62}$$

avec :

$$\mathbf{R}_1 = (\mathbf{i}_1, \mathbf{j}_1, \mathbf{k}_1) \tag{4.63}$$

Sachant que la translation est la même que pour la transformation $\mathbf{A}$, la rectification de l'image gauche est obtenue en appliquant une rotation au repère initial de la caméra gauche la relation s'écrit alors comme suit :

$$\mathbf{R}_r = \mathbf{R}_1 \mathbf{R}^{-1} \tag{4.64}$$

Quant aux coordonnées rectifiées elles s'obtiennent en appliquant aux coordonnées initiales cette même rotation :

$$\begin{pmatrix} x_1 \\ y_1 \\ 1 \end{pmatrix} = \mathbf{R}_r \begin{pmatrix} x \\ y \\ 1 \end{pmatrix} \tag{4.65}$$

De la même manière la transformation de rectification de la caméra de droite est :

$$\mathbf{R}'_r = \mathbf{R}_1\mathbf{R}'^{-1} \tag{4.66}$$

La relation gauche/droite est alors décrite par la transformation donnée par l'équation (4.51) selon :

$$\mathbf{A}_b = \mathbf{A}'_1\mathbf{A}_1^{-1} \tag{4.67}$$

$$= \begin{pmatrix} \mathbf{R}_1 & \mathbf{T}' \\ 0 & 1 \end{pmatrix}\begin{pmatrix} \mathbf{R}_1 & \mathbf{T} \\ 0 & 1 \end{pmatrix}^{-1} \tag{4.68}$$

$$= \begin{pmatrix} 1 & 0 & 0 & 0 \\ 0 & 1 & 0 & b \\ 0 & 0 & 1 & 0 \\ 0 & 0 & 0 & 1 \end{pmatrix} \tag{4.69}$$

avec $b = (b_x^2 + b_y^2 + b_z^2)^{1/2}$.

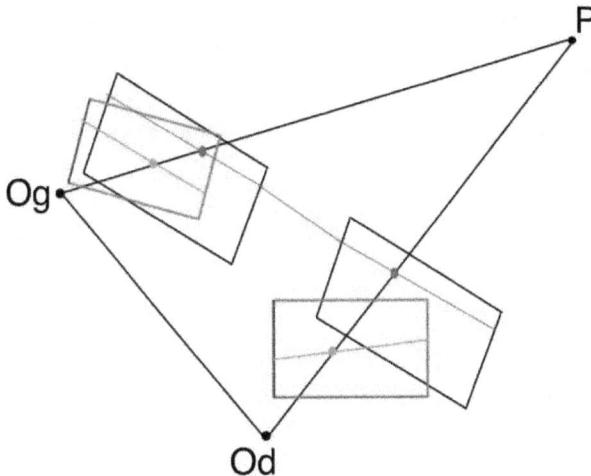

FIGURE 4.15 – Rectification épipolaire

4.5.2 Algorithme basique de reconstruction

4.5.2.1 Position optimale et structure

L'algorithme des huit points (1) de la section précédente suppose que nous avons une correspondance exacte des points. En présence du bruit dans l'image, il est

input : À partir d'un ensemble de correspondances images $(\mathbf{x}_1^j, \mathbf{x}_2^j)$,
$j = 1, 2, \cdots, n (n \geq 8)$

output: cet algorithme obtient $(R, T) \in SE(3)$, lesquels satisfont :

$$\mathbf{x}_2^{jT} \hat{T} R \mathbf{x}_1^j = 0, \qquad j = 1, 2, \cdots, n.$$

1. Calculer une première approximation de la matrice essentielle.

   Nous devons construire $\chi = [a^1, a^2, \cdots, a^n]^T \in \mathbb{R}^{n \times 9}$ à partir des correspondances $\mathbf{x}_1^j$ et $\mathbf{x}_2^j$ de la forme :

   $$a^j \doteq \mathbf{x}_1^j \otimes \mathbf{x}_2^j = [x_1 x_2, x_1 y_2, x_1 z_2, y_1 x_2, y_1 y_2, y_1 z_2, z_1 x_2, z_1 y_2, z_1 z_2] \in \mathbb{R}^9.$$

2. Trouver le vecteur $E^s \in \mathbb{R}^9$ tel que $\|\chi E^s\|$ est

   minimisé de la façon suivante : calculer la décomposition en valeurs singulières de $\chi = U_\chi \sigma_\chi V_\chi^T$ et définissons E^s

   comme la neuvième colonne de V_χ.

   Placez les neufs éléments de
   $E^s \doteq [e_{11}, e_{21}, e_{31}, e_{12}, e_{22}, e_{32}, e_{13}, e_{23}, e_{33}]^T \in \mathbb{R}^9$ dans la matrice

   $$E = \begin{bmatrix} e_{11} & e_{12} & e_{13} \\ e_{21} & e_{22} & e_{23} \\ e_{31} & e_{32} & e_{33} \end{bmatrix}$$

3. Projeter sur l'espace essentiel. Il faut calculer la décomposition en valeurs singulières de la matrice E, obtenue à partir des données
   $E = U diag\{\sigma_1, \sigma_2, \sigma_3\} V^T$, où $\sigma_1 \geq \sigma_2 \geq \sigma_3 \geq 0$ et $U, V \in SO(3)$. Sa projection sur l'espace essentiel est $U \sigma V^T$, où $\sigma = diag\{1, 1, 0\}$.

4. Récupérer le déplacement à partir de la matrice essentielle.

   Nous obtenons R et T, de la part de U et V :

   $$R = U R_Z^T(\pm \frac{\pi}{2}) V^T, \qquad \hat{T} = U R_Z(\pm \frac{\pi}{2}) \sigma U^T.$$

   où

   $$R_Z^T(\pm \frac{\pi}{2}) \doteq \begin{bmatrix} 0 & \pm 1 & 0 \\ \pm 1 & 0 & 0 \\ 0 & 0 & 1 \end{bmatrix}$$

Algorithm 1: L'algorithme de huit points

suggéré d'estimer la matrice essentielle en résolvant le problème d'une projection dans l'espace associé à l'essentiel. Seulement :
- Aucune garantie que la position estimée (R, T), soit aussi proche de la solution réelle.

- Une paire d'images $(\tilde{\mathbf{x}}_1, \tilde{\mathbf{x}}_2)$, ne donnera pas nécessairement une reconstruction 3D correcte.

4.6 Scènes planaires et homographie

Si nous appliquons l'algorithme des huit points (Algorithme 1) aux images dont les points sont sur le même plan 2D, l'algorithme échoue au moment d'apporter une solution unique, notamment à cause de .

4.6.1 Homographie planaire

Deux images des points p sur un plan 2D π_p dans un espace 3D. Dans ce cas $(\mathbf{x}_1, \mathbf{x}_2)$ sont deux images du point $p \in \pi_p$ par rapport aux repères des caméras. Soit les coordonnées de transformation entre deux repères :

$$\mathbf{X}_2 = R\mathbf{X}_1 + T, \tag{4.70}$$

où $\mathbf{X}_1, \mathbf{X}_2$ sont les coordonnées du p par rapport aux repères des caméra 1 et 2 respectivement. En raison de la contrainte épipolaire, les deux images $\mathbf{x}_1$ et $\mathbf{x}_2$ de p :

$$\mathbf{x}_2^T E \mathbf{x}_1 = \mathbf{x}_2^T \hat{T} R \mathbf{x}_1 = 0 \tag{4.71}$$

Toutefois, pour les points localisés dans le même plan π_p, les images vont subir une contrainte supplémentaire, du fait que la contrainte épipolaire ne soit plus suffisante. Si le vecteur unitaire normal au plan π_p, $N = [n_1, n_2, n_3]^T \in \mathbb{S}^2$, en ce qui concerne le repère de la première caméra, et si $d > 0$, la distance du plan π_p au centre optique de la première caméra, est alors déterminée par :

$$N^T \mathbf{X}_1 = n_1 X + n_2 Y + n_3 Z = d \Leftrightarrow \frac{1}{d} N^T \mathbf{X}_1 = 1, \qquad \forall \mathbf{X}_1 \in \pi_p \tag{4.72}$$

En remplaçant l'équation (4.72) dans l'équation (4.70) nous obtenons :

$$\mathbf{X}_2 = R\mathbf{X}_1 + T = R\mathbf{X}_1 + T\frac{1}{d}N^T\mathbf{X}_1 = \underbrace{(R + \frac{1}{d}TN^T)}_{H}\mathbf{X}_1 \tag{4.73}$$

H est alors nommé matrice d'homographie planaire et dépend des paramètres de mouvement $\{R, T\}$ et des paramètres de structure $\{N, d\}$ du plan π_p. À partir de :

$$\lambda_1 \mathbf{x}_1 = \mathbf{X}_1, \qquad \lambda_2 \mathbf{x}_2 = \mathbf{X}_2, \qquad \mathbf{X}_2 = H\mathbf{X}_1, \tag{4.74}$$

nous obtenons donc :

$$\lambda_2 \mathbf{x}_2 = H\lambda_1 \mathbf{x}_1 \Leftrightarrow \mathbf{x}_2 \sim H\mathbf{x}_1, \tag{4.75}$$

L'équation à droite est l'homographie planaire causée par le plan π_p. En dépit de l'ambigüité de l'échelle, comme montré dans la figure 4.16, H apporte une fonction spéciale entre les points de la première et la deuxième image, dans le sens suivant :

1. Pour n'importe quel point $\mathbf{x}_1$ correspondant à l'image du point p dans le plan π_p de la première image, l'image correspondante est déterminée comme étant $\mathbf{x}_2 \sim H\mathbf{x}_1$ et où un autre point $\mathbf{x}'_2$ est localisé dans la même ligne épipolaire, $\ell_2 \sim E\mathbf{x}_1 \in \mathbb{R}^3$. Le rayon $o_2\mathbf{x}'_2$, croisera le rayon $o_1\mathbf{x}_1$ au point p' situé à l'extérieur du plan.

2. D'autre part, si $\mathbf{x}_1$ est l'image d'un point p' à l'exterieur du plan π_p, alors $\mathbf{x}_2 \sim H\mathbf{x}_1$ est seulement un point, avec la même ligne épipolaire $\ell \sim E\mathbf{x}_1$ et possède comme image correspondante $\mathbf{x}'_2$. En d'autres termes, $\ell_2^T\mathbf{x}_2 = \ell_2^T\mathbf{x}'_2 = 0$.

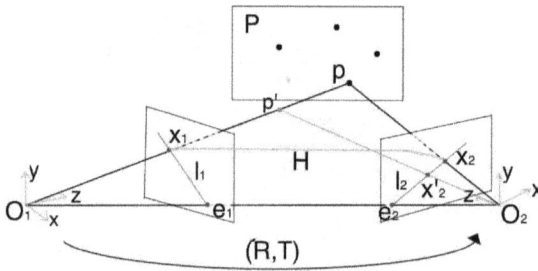

FIGURE 4.16 – Les images x_1 et $x_2 \in \mathbf{R}^3$ d'un point 3D p dans le plan P sont liées par l'homographie H.

Vu que l'homographie H, induite par le plan π_p en 3D, est entre deux images ; pour chaque paire d'images correspondantes $(\mathbf{x}_1, \mathbf{x}_2)$ d'un point 3D p, pas nécessairement définit en π_p, les lignes épipolaires sont :

$$\ell_2 \sim \hat{x}_2 H\mathbf{x}_1, \qquad \ell_1 \sim H^T\ell_2. \tag{4.76}$$

Cette propriété de l'homographie permet de calculer les lignes épipolaires sans avoir connaissance de la matrice essentielle.

4.6.1.1   Estimation de la matrice d'homographie planaire

Afin de supprimer l'échelle de l'équation droite en (4.75), les deux cotés de la matrice antisymétrique doivent être multipliés, pour obtenir $\hat{x}_2 \in \mathbb{R}^{3\times3}$, l'équation de contrainte épipolaire planaire :

$$\hat{\mathbf{x_2}} H \mathbf{x_1} = 0 \qquad (4.77)$$

Étant donné que l'équation (4.77) est linéaire en H, en empilant les éléments de H comme vecteur, on a :

$$H^s \doteq [H_{11}, H_{21}, H_{31}, H_{12}, H_{22}, H_{32}, H_{13}, H_{23}, H_{33}]^T \quad \in \mathbb{R}^9 \qquad (4.78)$$

l'équation (4.77) peut être simplifiée comme suit :

$$\mathbf{a}^T H^s = 0, \qquad (4.79)$$

où la matrice $\mathbf{a} \doteq \mathbf{x_1} \otimes \hat{\mathbf{x_2}} \in \mathbb{R}^{9 \times 3}$ est le produit de $\hat{\mathbf{x_2}}$ et $\mathbf{x_1}$. Soient n paires d'images $\{(\mathbf{x_1^j}, \mathbf{x_2^j})\}_{j=1}^n$, dont les points sont dans le même plan π_p, si on définit $\chi \doteq [\mathbf{a}^1, \mathbf{a}^2, \ldots, \mathbf{a}^n] \in \mathbb{R}^{3n \times 9}$, comme en (4.77) pour toutes les paires nous avons alors :

$$\chi H^s = 0 \qquad (4.80)$$

Pour résoudre uniquement H^s, nous savons que $rang(\chi) = 8$, où chaque paire de points image ont deux contraintes. Ainsi au moins 4 points sont nécessaires pour obtenir une estimation unique de H.

FIGURE 4.17 – Image 1 prise dans notre laboratoire pour estimer une homographie rotationnelle H.

À partir d'un ensemble de correspondances images $(\mathbf{x}_1^j, \mathbf{x}_2^j)$,
$j = 1, 2, \cdots, n (n \geq 4)$ des points sur un plan $N^T \mathbf{X} = d$ cet algorithme
obtient $\{R, \frac{1}{d}T, N\}$, lesquels résolvent :

$$\mathbf{x}_2^{jT}(R + \frac{1}{d}TN^T)\mathbf{x}_1^j = 0, \qquad j = 1, 2, \cdots, n. \tag{4.81}$$

1. Calculer une première approximation de la matrice d'homographie. Nous
   devons construire $\chi = [a^1, a^2, \cdots, a^n]^T \in \mathbb{R}^{3n \times 9}$
   à partir des correspondances $\mathbf{x}_1^j$ et $\mathbf{x}_2^j$ où $a^j = \mathbf{x}_1^j \times \mathbf{x}^{j_2 T} \in \mathbb{R}^{9 \times 3}$.
   Trouver le vecteur $H_L^s \in \mathbb{R}^9$ du vecteur unitaire afin de résoudre :

   $$\chi H_L^s = 0$$

   en décomposant les valeurs singulières de $\chi = U_\chi \Sigma_\chi V_\chi$ et définissant H_L^s
   comme la neuvième colonne de V_χ.
   Les éléments de H_L^s dans la matrice H_l de taille 3×3
   sont alors éparpillés.

2. Normaliser la matrice d'homographie, en calculant les vecteurs propres
   $\{\sigma_1, \sigma_2, \sigma_3\}$ de la matrice H_L et la normalisant comme suit :

   $$H = H_L/\sigma_2$$

   Le signe de H doit être corrigé par rapport au signe $((\mathbf{x}_2^j)H\mathbf{x}_1^j)$ pour
   $j = 1, 2, \ldots, n$.

3. Décomposer la matrice d'homographie, en calculant la décomposition des
   valeurs singulières de $H^T H = V\Sigma V^T$
   et en calculant les quatre solutions de la décomposition $\{R, \frac{1}{d}T, N\}$.

Algorithm 2: L'algorithme de quatre points pour une scène planaire

FIGURE 4.18 – Image 2 prise dans notre laboratoire pour estimer une homographie rotationnelle H.

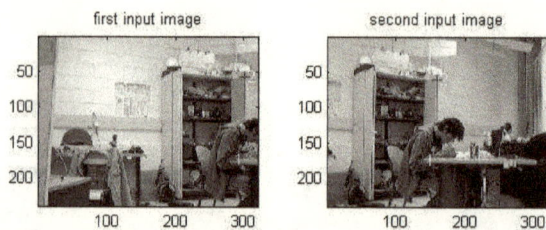

FIGURE 4.19 – Deux images qui seront liées par une homographie.

FIGURE 4.20 – Mosaïque à partir d'une homographie rotationnelle.

4.6.1.2 Relation entre homographie et matrice essentielle

Soit d'une part une matrice $E = \hat{T}R$ et d'autre part une matrice $H = R + Tu^T$ avec $R \in \mathbb{R}^{3\times3}, T, u \in \mathbb{R}^3$, et $\|T\| = 1$, nous avons :

1. $E = \hat{T}H$,

2. $H^T E + E^T H = 0$,

3. $H = \hat{T}^T E + Tv^T$, avec $v \in \mathbb{R}^3$.

4.7 Caméra non-calibrée

Dans l'espace euclidien, le produit scalaire de deux vecteurs est $\langle u, v \rangle \doteq u^T v$. Si on considère une fonction linéaire ψ représentée par une matrice K qui transforme les coordonnées spatiales $\mathbf{X}$, alors on a :

$$\chi : \mathbb{R}^3 \to \mathbf{R}^3; \qquad \mathbf{X} \mapsto \mathbf{X}' = K\mathbf{X} \tag{4.82}$$

Conformément à la projection d'un point dans l'espace de coordonnées $\mathbf{X}$ sur un plan image de coordonnées $\mathbf{x}'$ on a bien :

$$\lambda \mathbf{x}' = K\Pi_0 g\mathbf{X} = K[R,T]\mathbf{X}, \tag{4.83}$$

où $\Pi_0 = [I, 0] \in \mathbb{R}^{3\times4}$ et $g \in SE(3)$ sont la position de la caméra dans le référentiel du monde et K est la matrice de calibration qui relie les coordonnées métriques en pixels. Alors K se défini de la façon suivante :

$$K = \begin{bmatrix} fs_x & s_\theta & o_x \\ 0 & fs_y & o_y \\ 0 & 0 & 1 \end{bmatrix} \in \mathbb{R}^{3\times3} \tag{4.84}$$

et décrit les propriétés intrinsèques de la caméra, telles que la position du centre optique de la caméra sur le plan image (o_x, o_y), la taille du pixel (s_x, s_y) et le facteur s_θ qui traduit la non-orthogonalité potentielle des lignes et des colonnes de cellules électroniques photosensibles composant le capteur de la caméra. La plupart du temps, ce paramètre est négligeable et on lui attribue une valeur nulle et f est la distance focale .

La fonction χ induit une transformation du produit scalaire, conformément à :

$$\langle \chi^{-1}(u), \chi^{-1}(v) \rangle = u^T K^{-T} K^{-1} v \doteq \langle u, v \rangle_{K^{-T}K^{-1}}, \qquad u, v \in \mathbb{R}^3. \tag{4.85}$$

Cependant, si nous voulons obtenir le produit scalaire de deux vecteurs, mais seulement leurs coordonnées pixels u, v, il faut considérer le produit scalaire (cf. (4.85)) comme :

$$\langle u, v \rangle_S = u^T S v, \text{où } S = K^{-T} K^{-1}. \tag{4.86}$$

La matrice S représente l'espace métrique. La distortion de l'espace causée par S affecte la longueur et les angles des vecteurs. Par conséquent, sous cette métrique la longueur du vecteur u est égale à $\|u\|_S = \sqrt{\langle u, u \rangle}_S$. Une caméra non-calibrée, de matrice de calibration K, observant des points dans un monde (euclidien) calibré qui se déplace avec (R, T), équivaut à une caméra calibrée observant des points dans un espace déformé. Alors, cette caméra gère par le produit scalaire $\langle u, v \rangle_S \doteq u^T S v$ qui se déplace selon (KRK^{-1}, KT) avec, $S = K^{-T}K^{-1}$.

4.8   Géométrie épipolaire non-calibrée

Dans cette section, nous montrons uniquement la géométrie épipolaire pour les caméras non calibrées. Nous supposons que les images ont été prises avec la même caméra, et donc que $K_1 = K_2 = K$.

4.8.1   Matrice fondamentale

Une manière alternative de déduire la contrainte épipolaire pour les caméras non-calibrées est la sustitution directe de $\mathbf{x} = K^{-1}\mathbf{x}'$ dans une contrainte épipolaire,

$$\mathbf{x}_2^T \hat{T} R \mathbf{x}_1 = 0 \qquad \Leftrightarrow \qquad \mathbf{x}_2'^T \underbrace{\hat{T}K^{-T}\hat{T}RK^{-1}}_{F}\mathbf{x}'_1 = 0. \qquad (4.87)$$

La matrice F est alors considérée comme la matrice fondamentale :

$$F \doteq K^{-T}\hat{T}RK^{-1} \in \mathbb{R}^{3\times3}. \qquad (4.88)$$

Si $K = I$, alors la matrice fondamentale F est égale à la matrice $E = \hat{T}R$.

4.8.2   Propriétés de la matrice fondamentale

La matrice fondamentale est capable de transférer un point $\mathbf{x}'$ de la première vue du vecteur $\ell \doteq F\mathbf{x}'_1 \in \mathbb{R}^3$ vers la deuxième selon :

$$\mathbf{x}_2'^T F \mathbf{x}'_1 = \mathbf{x}_2'^T \ell_2 = 0. \qquad (4.89)$$

Le vecteur ℓ_2 (coordonnées images de la deuxième caméra) définit une ligne dans le plan image selon un ensemble de points image $\{\mathbf{x}'_2\}$ satisfaisant alors l'équation :

$$\ell_2^T \mathbf{x}'_2 = 0. \qquad (4.90)$$

Dans l'équation $\ell_1 \doteq F^T \mathbf{x}'_2 \in \mathbb{R}^3$, F transfère un point de la deuxième image vers une ligne de la première image.

L'épipole e est le point où le niveau de référence intersecte le plan image en chaque vue. Si $e_i \in \mathbb{R}^3, i = 1, 2$ est l'épipole par rapport aux première et deuxième vues, nous pouvons vérifier que :

$$e_2^T F = 0, \qquad Fe_1 = 0, \qquad (4.91)$$

Par conséquent, $e_2 = KT = T'$ et $e_1 = KR^T T$. La matrice F est le produit d'une matrice antisymétrique $\hat{T'}$ de rang 2 et d'une matrice $KRK^{-1} \in \mathbb{R}^{3\times3}$ de rang 3, qui doit avoir le rang 2. F est caractérisée par la décomposition en valeurs singulières de $F = U\Sigma V^T$ $\Sigma = diag\{\lambda_1, \lambda_2, 0\}$, où $\lambda_1, \lambda_2 \in \mathbb{R}_+$ La matrice F de huit paramètres libres, se conforme à partir des produits de la matrice K (cinq degrés de liberté), de la matrice R (trois degrés de liberté) et de T (deux degrés de liberté). Par conséquent, à partir des huit degrés de liberté de F nous ne pouvons pas récupérer les dix degrés de liberté en $K, R,$ et T. La position de la caméra non calibrée à partir de la matrice fondamentale $F = \hat{T'}KRK^{-1}$, pourrait être obtenue par :

$$F = \hat{T'}KRK^{-1} \mapsto \Pi = [KRK^{-1} + T'v^T, v_4 T'] \qquad (4.92)$$

avec certaines valeurs de $v = [v_1, v_2, v_3] \in \mathbb{R}^3, v_4 \in \mathbb{R}$. Ces quatre paramètres de décompositions ambiguës ne sont pas présentés dans le cas des caméras calibrées.

4.8.3 Ambiguïtés et contraintes dans la formation de l'image

Dans le cas spécifique de la formation d'image, on a quatre matrices impliquées $(K, \Pi_0, g, \mathbf{X})$,

$$\lambda \mathbf{x}' = \Pi \mathbf{X} = K\Pi_0 g \mathbf{X} \qquad (4.93)$$

En considérant l'ambiguité cette équation peut s'écrire :

$$\lambda \mathbf{x}' = \Pi \mathbf{X} = K\Pi_0 g \mathbf{X} = \underbrace{K R_0^{-1} R_0 \Pi_0 H^{-1}}_{\tilde{\Pi}} \underbrace{H g g_w^{-1} g_w \mathbf{X}}_{\tilde{\mathbf{X}}} \qquad (4.94)$$

Avec $R_0 \in GL(3),$ et $g_w \in SE(3)$, H est une homographie $H \in GL(4)$,

Dans cette section nous montrons que les ambiguïtés en R_0 et g_w n'ont pas de conséquence dans le sens que celles-ci peuvent être fixées par l'utilisateur selon une sélection aléatoire du référentiel de coordonnées euclidien. D'autre part, l'ambigüité de la matrice de projection Π, en raison de la matrice H, conduit à une déformation de l'espace où $\mathbf{X}$ existe.

4.8.3.1 Structure de la matrice de paramètres intrinsèques

Si on définit K comme étant une matrice générale inversible de taille 3×3, nous pouvons la normaliser en imposant la valeur $+1$ à sa déterminant. Elle appartient alors à un groupe linéaire spécial $SL(3)$. Ainsi :

$$\lambda \mathbf{x}' = K\Pi_0 g \mathbf{X} = K R_0^{-1} R_0 [R, T] \mathbf{X} \doteq \tilde{K}[\tilde{R}, \tilde{T}] \mathbf{X} = \tilde{K}\Pi_0 \tilde{g} \mathbf{X}. \qquad (4.95)$$

Si $\tilde{R} \doteq R_0 R$ est une matrice de rotation, elle doit respecter $R_0 \in SO(3)$ et $R_0^{-1} = R_0^T$. On peut donc conclure qu'à partir des mesures $\mathbf{x}'$, nous ne pouvons pas distinguer K avec $\tilde{K} = K R_0^T$ et g de $\tilde{g}$ avec $g = [R, T]$ $\tilde{g} = [R_0 R, R_0 T]$. En effet, nous considérons une matrice $K \in SL(3)$, si $K = QR$, à condition que Q soit une matrice triangulaire supérieure et que R soit une matrice de rotation. En résumé, sans connaître ni le déplacement de la caméra ni la structure de la scène, la matrice de calibration de la caméra $K \in SL(3)$ peut être représentée par une classe d'équivalence $\tilde{K} \in SL(3)/SO(3)$, avec $\tilde{K} = KR_0^T$. Alors $\tilde{K}^{-T}\tilde{K}^{-1} = K^{-T}K^{-1}$ et est équivalent à la métrique $S = K^{-T}K^{-1}$. Cette fonction relie les matrices triangulaires supérieures à l'ensemble des matrices symétriques de taille 3×3 dont le déterminant est égal à +1 selon la factorisation de Cholesky de la matrice S. Ainsi, si la matrice K, de forme identique à celle décrite en (4.84), alors le problème de calibration équivaut au problème de récupération de la matrice S et de la métrique de l'espace non calibré.

4.8.3.2   Structure de la matrice de paramètres extrinsèques

Les coordonnées X sont exprimées par rapport au référentiel du monde ; g fait une transformation du référentiel du monde vers le référentiel de la caméra en utilisant $g\mathbf{X}$. Toutefois, en modifiant le référentiel du monde, on modifie la transformation du référentiel de la caméra, mais cela n'a pas effet sur les points images :

$$g\mathbf{X} = (gg_w^{-1})(g_w\mathbf{X}) \tag{4.96}$$

où $g_w \in SE(3)$. La solution la plus communément admise est de faire coïncider le référentiel du monde avec celui-ci de la caméra, par le biais de la transformation d'identité $I = gg_w^{-1}$. En tout cas, $g_w\mathbf{X}$ peut différer à partir des coordonnées originales $\mathbf{X}$ par une transformation euclidienne g_w, voir figure 4.21

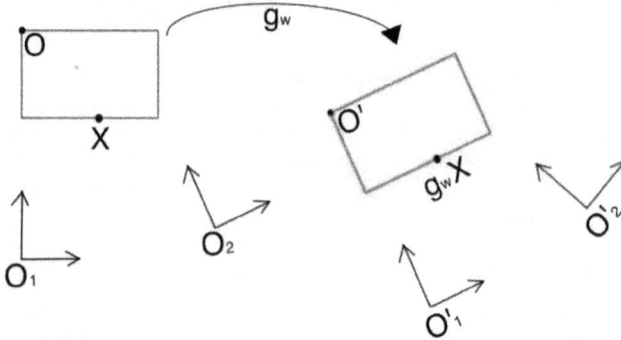

FIGURE 4.21 – Mosaïque à partir d'une homographie rotationnelle.

4.8.3.3   Structure de la matrice de projection

En utilisant les paramètres intrinsèques et extrinsèques de la matrice de projection $\Pi = [KR, KT]$, nous obtenons :

$$\lambda\mathbf{x}' = \Pi\mathbf{X} = (\Pi H^{-1})(H\mathbf{X}) \doteq \tilde{\Pi}\tilde{\mathbf{X}} \tag{4.97}$$

où H est une matrice de taille 4×4. Cette matrice n'est pas arbitraire, désormais on sait que $\tilde{\Pi} H$ à la même structure que Π. En prenant l'image de la première caméra comme référence alors l'ambiguïté associée à g_w, est résolue et l'élection produit une contrainte de la forme de H.

4.9 Conclusion

Dans ce chapitre, les concepts de la vision sur ordinateur sur lesquels s'appuie notre travail, sont présentés. Dans un premier temps, nous avons présenté la projection perspective comme étant un modèle de l'image au travers du sténopé à partir de la représentation de l'image comme un tableau bi- dimensionnel. Également, nous avons décrit le processus de formation de l'image comme une série de transformations de coordonnées enchaînées aussi appelé calibration. Dans un second temps, la géométrie de base qui rapporte les images des points vers sa position tri-dimensionnelle a été présentée. Pour ce faire, on est parti d'un cas simple en utilisant deux caméras calibrées. De la même façon, nous avons décrit la géométrie épipolaire à partir de deux images qui regardent le même objet. Dans un troisième temps, nous avons étudié la récupération de la matrice de calibration grâce à la connaissance partielle de l'information du calibrage, ceci en prenant en compte plusieurs vues de la scène. Finalement, nous avons décrit un moyen de récupérer l'information de la scène en utilisant une version déformée de la structure euclidienne tri-dimensionnelle, aussi appelé reconstruction projective.

Modèle dynamiques des drones

Ce chapitre donne le contexte de la mécanique du vol afin de simplifier la compréhension de mon travail de thèse. Nous fournissons une description générale des équations cinématiques et d'énergie cinétique de notre plateforme expérimentale, qui ont été utilisées pour obtenir le modèle dynamique. La cinématique permet d'obtenir la description générale du mouvement d'un objet sans aucune considération des forces et des couples, en conséquence seule la géométrie et les relations entre la position et la vitesse (translationnelle et rotationnelle) sont considérées. La dynamique s'occupe de l'évolution dans le temps des quantités de mouvement (linéaires et rotationnelles). Nous adoptons l'approche du formalisme de Newton-Euler qui décrit le comportement d'un drone en termes de forces et de moments.

5.1 Modèle dynamique d'un hélicoptère à huit rotors

Le véhicule aérien est composé d'une structure constituée par une croix rigide et symétrique équipée de huit rotors, la figure 5.1 montre cette configuration. Quatre rotors, également appelés les rotors principaux, sont utilisés pour stabiliser l'attitude de l'hélicoptère. Les quatre rotors supplémentaires (rotors latéraux) sont utilisés pour réaliser les mouvements latéraux de l'engin volant. La principale caractéristique de cette configuration est que la dynamique d'orientation et de translation sont découplées [Romero 2009] .

Cette configuration possède des caractéristiques similaires au quadrirotor. Les quatre rotors principaux, utilisés pour l'altitude et l'orientation, sont placés de telle façon que deux d'entre eux sont conçus pour tourner dans le sens des aiguilles d'une montre tandis que les deux autres tournent dans le sens inverse. Cette disposition des moteurs donnent au drone la caractéristique qu'au moment du vol stationnaire, les effets gyroscopiques et les couples aérodynamiques tendent à s'annuler. Les moteurs latéraux sur chaque axe, utilisés pour la translation dans le plan $x - y$, tournent dans la même direction pour éviter les phénomènes de dérive de roulis et de tangage.

L'altitude du drone est régulée par la poussée des rotors principaux ainsi que par les forces ajoutées par le moteurs latéraux. Le mouvement de lacet est réalisé par une vitesse différentielle produite par chaque couple de rotors principaux. Il est en fait obtenu en augmentant/diminuant la vitesse des moteurs avant et arrière et en diminuant/augmentant la vitesse des moteurs droit et gauche. Les mouvements sur l'axe x (avance/recule) et sur l'axe y (droite/gauche) sont obtenus par une stratégie de commande différentielle produite par chaque moteur latéral. Dans cette configuration, on considère l'angle de tangage ψ autour de l'axe z, l'angle de lacet θ autour de l'axe y, et l'angle de roulis ϕ autour de l'axe x voir figure 5.1. De cette figure nous avons :

M1 est le moteur avant.

M2 est le moteur droit.

M3 est le moteur arrière.

M4 est le moteur gauche.

M5 est le moteur avant extérieur.

M6 est le moteur droit extérieur.

M7 est le moteur arrière extérieur.

M8 est le moteur gauche extérieur

$\mathcal{I} = \{\vec{i}, \vec{j}, \vec{k}\}$ est le référentiel externe, et $\mathcal{B} = \left\{\vec{\vec{i}}, \vec{\vec{j}}, \vec{\vec{k}}\right\}$ est le référentiel fixé au véhicule (voir figure 5.1). En utilisant l'approche de Newton-Euler [Goldstein 1980], nous avons les équations suivantes :

$$\dot{\xi} = v \tag{5.1}$$

$$m\dot{v} = f \tag{5.2}$$

$$\dot{\mathcal{R}} = \mathcal{R}\hat{\Omega} \tag{5.3}$$

$$\mathbf{J}\dot{\Omega} = -\Omega \times \mathbf{J}\Omega + \tau \tag{5.4}$$

où $\xi = (\vec{i}, \vec{j}, \vec{k})^T$ est la position du centre de masse par rapport au référentiel inertiel, v est la vitesse linéaire par rapport au référentiel inertiel, Ω est la vitesse angulaire du véhicule exprimée dans le référentiel du corps, m est la masse du

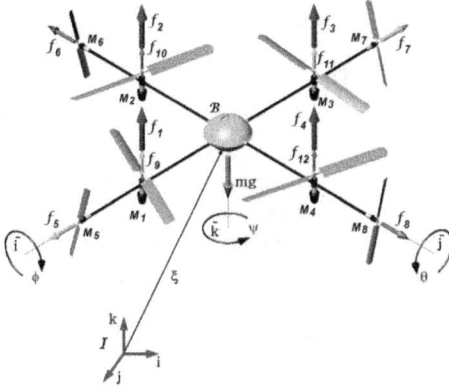

FIGURE 5.1 – Schéma de l'aéronef à huit rotors. Où f_i est la force de chaque moteur, M_i, $i = 1, 2, \ldots, 8$ et f_j, $j = 9, 10, 11, 12$, sont les forces induites par les moteurs latéraux.

véhicule, $\mathbf{J} \in \mathbb{R}^{3 \times 3}$ est la matrice inertielle autour du centre de masse du véhicule exprimée dans le référentiel du corps. $\hat{\Omega}$ indique la matrice antisymétrique du vecteur des vitesses angulaires et se définit de la façon suivante :

$$\hat{\Omega} = \begin{pmatrix} 0 & -\Omega^3 & \Omega^2 \\ \Omega^3 & 0 & -\Omega^1 \\ -\Omega^2 & \Omega^1 & 0 \end{pmatrix} \tag{5.5}$$

$f \in \mathcal{I}$ indique représente le vecteur des forces non-conservatrices appliquées au véhicule, y comprise la pousse, $\tau \in \mathcal{B}$ est obtenu à partir de la différentielle associée aux rotors par les biais des effets aérodynamiques et des effets gyroscopiques.

En ce qui concerne la dynamique du vecteur d'orientation η, elle est définie par la relation :

$$\dot{\eta} = W_\eta^{-1}\Omega$$

où W_η représente la matrice de Jacobienne reliant les vecteurs η et Ω et s'écrit en forme matricielle :

$$W_\eta = \begin{bmatrix} -s_\theta & 0 & 1 \\ c_\theta s_\phi & c_\phi & 0 \\ c_\theta c_\phi & -s_\phi & 0 \end{bmatrix} \tag{5.6}$$

alors

$$\Omega = \begin{bmatrix} \dot{\phi} - \dot{\psi}s_\theta \\ \dot{\theta}c_\phi + \dot{\psi}c_\theta s_\phi \\ \dot{\psi}c_\theta c_\phi - \dot{\theta}s_\phi \end{bmatrix} \qquad (5.7)$$

Ainsi, le modèle dynamique (5.2) pourrait être découplé en deux sous-systèmes, translationnel et rotationnel.

5.1.1   Modèle du sous-système translationnel

Si on considère les forces provenant de différentes sources : l'inertie, l'air, la résistance et la gravité [Etkin 1994], [Goldstein 1980], opposées aux mouvements rotationnels et translationnels, alors selon l'approche de Newton-Euler, on obtient :

$$\begin{aligned} m\dot{v} &= f \\ m\ddot{\xi} &= F_p^I + F_d^I + F_g^I \end{aligned} \qquad (5.8)$$

F_p^I définit la force produite par le système d'hélices, F_d^I le vecteur de forces liées à la résistance, F_g^I la force de gravité et m la masse du véhicule. Où $\xi = [x, y, z]^T$ représente sa position par rapport à $\mathcal{I}$ et la force $F_p^I = [f_x, f_y, f_z]^T$ dans le référentiel $\mathcal{B}$ est

$$F_p^{\mathcal{B}} = \begin{bmatrix} u_x \\ u_y \\ u_z \end{bmatrix} = \begin{bmatrix} f_5 - f_7 \\ f_6 - f_8 \\ \sum_{i=1}^{4} f_i + \sum_{j=9}^{12} f_j \end{bmatrix} \qquad (5.9)$$

où f_i ($i = 1, \ldots, 8$) sont les forces des moteurs M_i, quand les forces f_j ($j = 9, \ldots, 12$) représentent les forces additionnelles induites par les moteurs latéraux. Le vecteur F_p^I par rapport au référentiel d'inertie est :

$$F_p^{\mathcal{I}} = \mathcal{R} F_p^{\mathcal{B}} \qquad (5.10)$$

avec $\mathcal{R}$ la matrice de rotation qui représente l'orientation de l'aéronef de $\mathcal{B}$ par rapport à $\mathcal{I}$. La matrice de rotation $\mathcal{R}$ est définie de la façon suivante :

$$\mathcal{R} = \begin{bmatrix} c_\psi c_\theta & s_\psi c_\theta & -s_\theta \\ c_\psi s_\theta s_\phi - s_\psi c_\phi & s_\psi s_\theta s_\phi + c_\psi c_\phi & c_\theta s_\phi \\ c_\psi s_\theta c_\phi + s_\psi s_\phi & s_\psi s_\theta c_\phi - c_\psi s_\phi & c_\theta c_\phi \end{bmatrix} \qquad (5.11)$$

Où c_α, s_α représentent la notation simplifiée de $\cos\alpha$ et $\sin\alpha$.

$$F_d^B = K_d \, \dot{\eta} \qquad (5.12)$$

où $K_d = \text{diag}[k_{dx}, \ k_{dy}, \ k_{dz}]$ est la matrice qui contient les coefficients de résistance [Etkin 1994]. La force gravitationnelle F_g agit sur l'axe z, se représente par :

$$F_g^B = m[\ 0 \quad 0 \quad g \ ]^T \qquad (5.13)$$

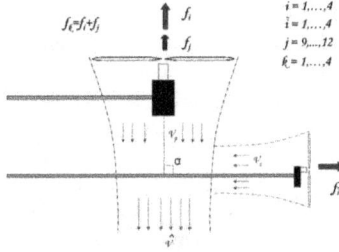

FIGURE 5.2 – Analyse de la poussée principale et latérale, on observe l'influence des hélices latérales sur les hélices principales.

Selon les forces f_j ($j = 9, 10, 11, 12$) qui agissent sur l'hélicoptère et en raison de l'équation (5.9), nous avons :

$$u_x = f_5 - f_7 = u_{x_1} - u_{x_2} \qquad (5.14)$$
$$u_y = f_8 - f_6 = u_{y_1} - u_{y_2} \qquad (5.15)$$
$$u_z = u + f_9 + f_{10} + f_{11} + f_{12} \qquad (5.16)$$

où u_{x_1} et u_{x_2} sont les entrées de la commande des moteurs respectivement avant et arrière sur l'axe x et u_{y_1} et u_{y_2} sont définis respectivement pour les moteurs gauche et droit sur l'axe y, tandis que u est représenté par :

$$u = f_1 + f_2 + f_3 + f_4$$

avec

$$f_i = k_i \, \omega_i^2, \quad i = 1, \dots, 8$$

où $k_i > 0$ dépend de la densité de l'air, de la tailles des hélices, de sa forme et de l'angle de tangage et ω_i est la vitesse angulaire de chaque moteur "i" (M_i, $i = 1, \dots, 8$). Les forces additionnelles de f_9 à f_{12} agissent sur chaque moteur principal, voir figure 5.2. Finalement, le modèle dynamique complet de l'aéronef à huit rotors est :

$$
\begin{aligned}
m\ddot{x} &= u_x c_\theta c_\psi - u_y \left(c_\phi s_\psi - c_\psi s_\theta s_\phi\right) \\
&\quad + u_z \left(s_\phi s_\psi + c_\phi c_\psi s_\theta\right) + k_{dx}\dot{x} & (5.17) \\
m\ddot{y} &= u_x c_\theta s_\psi + u_y \left(c_\phi c_\psi + s_\theta s_\phi s_\psi\right) \\
&\quad - u_z \left(c_\psi s_\phi - c_\phi s_\theta s_\psi\right) + k_{dy}\dot{y} & (5.18) \\
m\ddot{z} &= -u_x s_\theta + u_y c_\theta s_\phi - mg \\
&\quad + u_z \, c_\theta c_\phi + k_{dz}\dot{z} & (5.19) \\
\mathbb{J}W_\eta\ddot{\eta} &= \tau + \Delta\tau_{x,y} - \tau_f - \tau_g - \mathbb{C}(\eta,\dot{\eta})\dot{\eta} & (5.20)
\end{aligned}
$$

5.2   Caractéristiques du quadrirotor

L'hélicoptère à quatre rotors ou quadrirotor, est constitué d'une structure en
croix symétrique et de quatre ensembles propulseurs formés par une paire moteur-
hélice, dorénavant appelés rotors. Ces rotors sont situés sur chaque extrémité de
cette croix. Dans le quadrirotor, deux rotors placés dans le même axe de la croix
tournent dans un même sens. Pour stabiliser le lacet dû à la rotation des moteurs,
deux moteurs tournent dans le sens des aiguilles d'une montre et les deux autres
tournent dans le sens inverse. Cette disposition physique confère à l'hélicoptère
certaines propriétés spéciales, par exemple dans le cas du vol stationnaire les effets
gyroscopiques et les couples aérodynamiques tendent à s'annuler.

5.3   Notation et système d'axe

Avant de passer au modèle mathématique du quadrirotor, nous devons mettre en
place une base solide et appropriée sur laquelle nous construirons les modèles. Les
fondements comprennent une structure mathématique dans laquelle les équations
de mouvement peuvent être développées.

5.3.1   Axes inertiels

La convention pour définir les axes inertiels détermine un point de référence o qui
constitue l'origine d'un système d'axes orthogonaux connu comme le système de la
main droite (où la main est utilisée comme moyen mémotechnique pour se rappeler
de la direction des axes : en pliant les doigts de la main droite à 90°, on obtient les
axes x_I et y_I et le pouce indique la direction positive de l'axe z_I) $\mathcal{I} = \{x_I, y_I, z_I\}$,
où l'axe ox_I se dirige vers le nord, l'axe oy_I se dirige vers l'est et l'axe oz_I se dirige
vers le bas, au long du vecteur de gravité (voir figure 5.7).

5.3.2   Axes du corps du quadrirotor

Nous définissons un système fixe de coordonnées attachées au véhicule aérien
qui se déplace avec lui, on l'appelle référentiel du corps $\mathcal{B} = \{x_B, y_B, z_B\}$ et son
origine o se situe au centre de gravité (cg) du quadrirotor. L'axe ox_B est aligné sur
la structure avec le moteur avant, l'axe oy_B est aligné sur la structure qui supporte
les moteurs latéraux. L'axe oz_B est dirigé vers le bas (voir figure 5.3).

5.3.3   Angles d'Euler

Les angles de rotation autour de chaque axe dans le système d'axe du corps sont
nommés angles d'Euler. Ces angles sont (ϕ, θ, ψ) qui opèrent respectivement sur les
coordonnés cartésiennes (x, y, z) (voir figure 5.4).

L'attitude du quadrirotor se définit comme l'orientation angulaire des axes du
corps fixés à la structure $\mathcal{B}$ à l'égard de l'axe inertiel $\mathcal{I}$. Cependant, les angles d'attitude sont une application particulière des angles d'Euler. En regardant la figure 5.5,

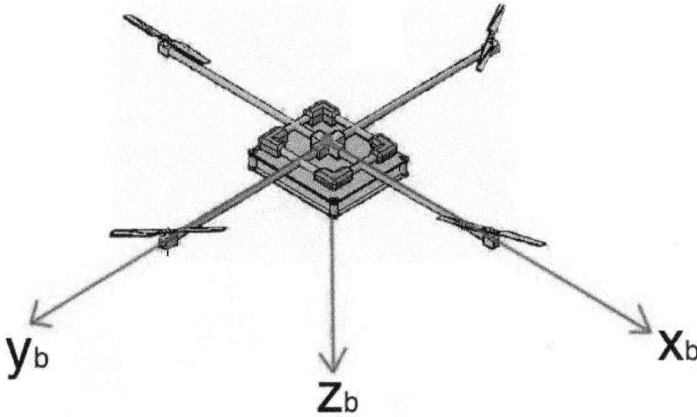

FIGURE 5.3 – Axes du corps

nous avons que (o, x_I^0, y_I^0, z_I^0) sont les axes de référence tandis que (o, x_B^0, y_B^0, z_B^0) sont les axes attachés au véhicule aérien. L'attitude du véhicule aérien peut être établi en considérant la rotation autour de chaque axe afin de faire coïncider (o, x_I, y_I, z_I) avec (o, x_B, y_B, z_B). D'abord, nous devons faire tourner autour de Ox_3 par le biais de l'angle de roulis ϕ pour (O, x_2, y_2, z_2). Ensuite, nous devons faire tourner autour de Oy_2 par le biais de l'angle de lacet θ pour (O, x_1, y_1, z_1). Finalement, Oz_1 subit une rotation par le biais de l'angle de tangage ψ pour (O, x_0, y_0, z_0).

5.3.4   Transformation entre les axes

Il est souvent nécessaire de représenter les variables de mouvement à partir d'un système d'axe vers un autre système d'axe, un exemple est la transformation d'éléments de vitesse linéaire de l'axe latéral du véhicule aux axes du corps.. Clairement, les relations angulaires qui décrivent l'attitude peuvent être généralisés afin de décrire l'orientation angulaire d'un ensemble d'axes par rapport à un autre ensemble d'axes, en observant la figure 5.5, le référentiel (o, x_I, y_I, z_I) décrit les éléments de vitesse de l'axe latéral, le référentiel (o, x_B, y_B, z_B) décrit les éléments de vitesse sur les axes du corps, également les angles (ϕ, θ, ψ) décrivent l'orientation angulaire générale d'un ensemble d'axes par rapport aux autres.

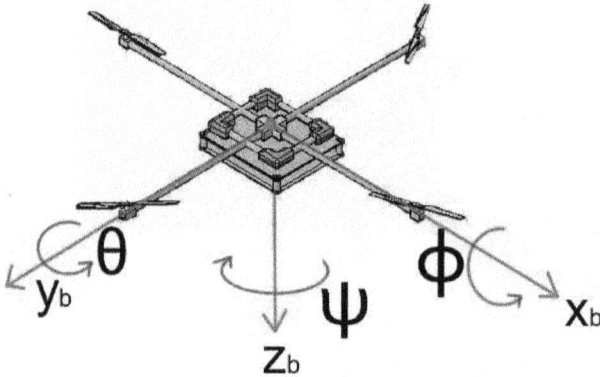

FIGURE 5.4 – Angles d'orientation de l'aéronef

5.3.5 Transformation des quantités linéaires

En regardant la figure 5.5, (O, x_3, y_3, z_3) représentent les éléments d'une quantité linéaire dans le système de référence $\{O, x_3, y_3, z_3\}$ et (O, x_0, y_0, z_0) représentent les éléments de la même quantité linéaire transformée en le système $\{O, x_0, y_0, z_0\}$. Les quantités linéaires peuvent être l'accélération, la vitesse ou le déplacement. En calculant chaque rotation et en suivant l'ordre de la figure 5.5, on obtient :

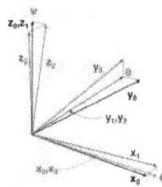

FIGURE 5.5 – Angles d'Euler.

– après avoir subi une rotation autour de ox_3 d'angle ϕ

$$ox_3 = ox_2 \tag{5.21}$$

$$oy_3 = oy_2 \cos\phi + oz_2 \sin\phi \tag{5.22}$$

$$oz_3 = -oy_2 \sin\phi + oz_2 \cos\phi \tag{5.23}$$

la forme matricielle de ces équations est :

$$
\begin{bmatrix} ox_3 \\ oy_3 \\ oz_3 \end{bmatrix} =
\begin{bmatrix} 1 & 0 & 0 \\ 0 & \cos\phi & \sin\phi \\ 0 & -\sin\phi & \cos\phi \end{bmatrix}
\begin{bmatrix} ox_2 \\ oy_2 \\ oz_2 \end{bmatrix} \tag{5.24}
$$

– de la même façon, après avoir subi une rotation autour de oy_2 d'angle θ,

$$
\begin{bmatrix} ox_2 \\ oy_2 \\ oz_2 \end{bmatrix} =
\begin{bmatrix} \cos\theta & 0 & -\sin\theta \\ 0 & 1 & 0 \\ \sin\theta & 0 & \cos\theta \end{bmatrix}
\begin{bmatrix} ox_1 \\ oy_1 \\ oz_1 \end{bmatrix} \tag{5.25}
$$

– enfin la dernière rotation autour de oz_1 d'angle ψ, on a :

$$
\begin{bmatrix} ox_1 \\ oy_1 \\ oz_1 \end{bmatrix} =
\begin{bmatrix} \cos\psi & \sin\psi & 0 \\ -\sin\psi & \cos\psi & 0 \\ 0 & 0 & 1 \end{bmatrix}
\begin{bmatrix} ox_0 \\ oy_0 \\ oz_0 \end{bmatrix} \tag{5.26}
$$

En utilisant (5.24), (5.25), (5.26) nous obtenons :

$$
\begin{bmatrix} ox_3 \\ oy_3 \\ oz_3 \end{bmatrix} =
\begin{bmatrix} 1 & 0 & 0 \\ 0 & \cos\phi & \sin\phi \\ 0 & -\sin\phi & \cos\phi \end{bmatrix}
\begin{bmatrix} \cos\theta & 0 & -\sin\theta \\ 0 & 1 & 0 \\ \sin\theta & 0 & \cos\theta \end{bmatrix}
\begin{bmatrix} \cos\psi & \sin\psi & 0 \\ -\sin\psi & \cos\psi & 0 \\ 0 & 0 & 1 \end{bmatrix}
\begin{bmatrix} ox_0 \\ oy_0 \\ oz_0 \end{bmatrix}
$$
$$\tag{5.27}$$

5.3.6 Relation cinématique entre la vitesse généralisée et la vitesse angulaire

La transformation de quantités angulaires met en relation les vitesses angulaires $\omega = (p,q,r)^T$ (vecteur orthogonal) des axes du corps et la vitesse généralisée du corps des angles d'Euler $\dot{\eta} = (\dot{\phi}, \dot{\theta}, \dot{\psi})^T$ (vecteur non-orthogonal). La relation entre la vitesse du corps et la vitesse d'attitude (voir figure 5.6), s'établit de la façon suivant :

$$
\begin{bmatrix} p \\ q \\ r \end{bmatrix} =
\begin{bmatrix} \dot{\phi} \\ 0 \\ 0 \end{bmatrix} +
\begin{bmatrix} 1 & 0 & 0 \\ 0 & c\phi & s\phi \\ 0 & -s\phi & c\phi \end{bmatrix}
\begin{bmatrix} 0 \\ \dot{\theta} \\ 0 \end{bmatrix} +
\begin{bmatrix} 1 & 0 & 0 \\ 0 & c\phi & s\phi \\ 0 & -s\phi & c\phi \end{bmatrix}
\begin{bmatrix} c\theta & 0 & -s\theta \\ 0 & 1 & 0 \\ s\theta & 0 & c\theta \end{bmatrix}
\begin{bmatrix} 0 \\ 0 \\ \dot{\psi} \end{bmatrix}
$$

où c_α, s_α représentent la notation simplifiée de $\cos\alpha$ et $\sin\alpha$,

$$
\begin{bmatrix} p \\ q \\ r \end{bmatrix} =
\begin{bmatrix} 1 & 0 & -\sin\theta \\ 0 & \cos\theta & \sin\phi\cos\theta \\ 0 & -\sin\phi & \cos\phi\cos\theta \end{bmatrix}
\begin{bmatrix} \dot{\phi} \\ \dot{\theta} \\ \dot{\psi} \end{bmatrix} \tag{5.28}
$$

L'inverse de l'équation (5.28) est :

$$\begin{bmatrix} \dot{\phi} \\ \dot{\theta} \\ \dot{\psi} \end{bmatrix} = \begin{bmatrix} 1 & \sin\phi\tan\theta & \cos\phi\tan\theta \\ 0 & \cos\phi & -\sin\phi \\ 0 & \sin\phi\sec\theta & \cos\phi\sec\theta \end{bmatrix} \begin{bmatrix} p \\ q \\ r \end{bmatrix} \tag{5.29}$$

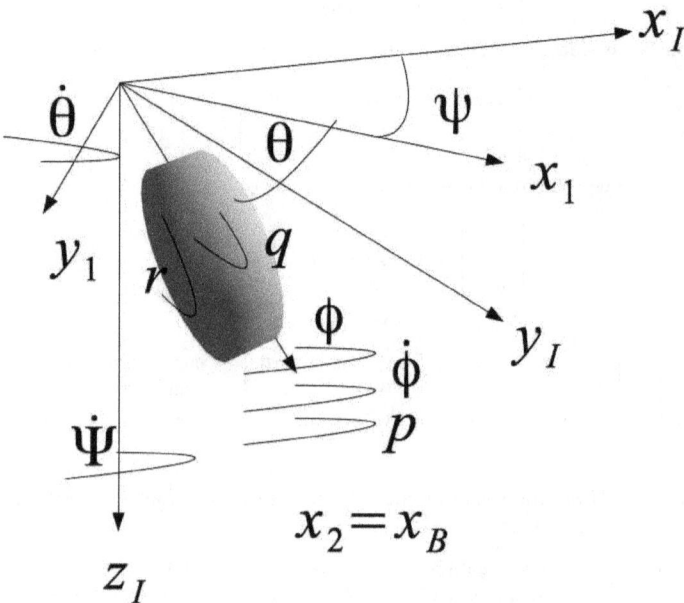

FIGURE 5.6 – Transformation de la vitesse angulaire

5.4   Modèle dynamique d'un quadrirotor X4

La plateforme d'étude choisie est un véhicule aérien autonome ou drone (UAV acronyme anglais d'Unmaned Aerial Vehicle) de type $X4$ également appelé quadrirotor. Comme son nom l'indique ce véhicule possède quatre rotors assurant l'équilibre et la propulsion. Sa conception symétrique permet un contrôle simple de la stabilité globale de l'hélicoptère. Chacun de ces rotors est situé à une des extrémités de cette

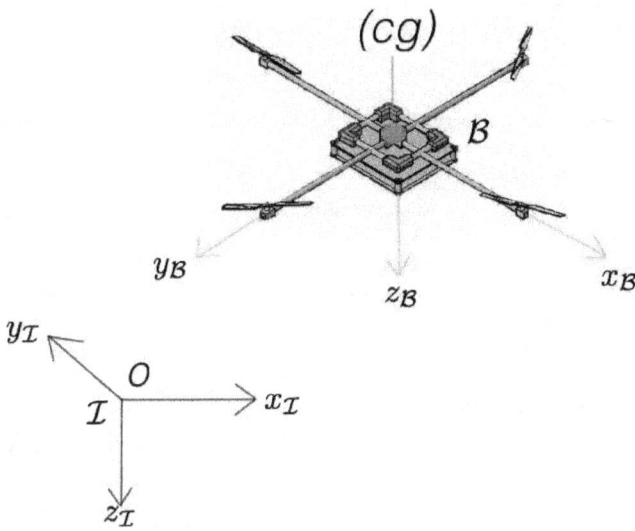

FIGURE 5.7 – Référentiels du quadrirotor.

croix et les deux rotors placés sur un même axe de la croix, tournent dans le même sens, tandis que les deux autres placés sur l'autre axe tournent en sens opposé. Étant donné que les moteurs avant et arrière tournent en sens anti-horaire et que les deux autres tournent dans le sens horaire, le couple aérodynamique est égal à zéro. L'intérêt particulier des recherches sur la conception de quadrirotor par rapport aux véhicules à décollage et à atterrissage vertical tels que les hélicoptères (VTOL acronyme anglais de vertical take off and landing), est lié aux deux principaux avantages suivants :

1. les quadrirotors ne requièrent pas de liaisons mécaniques complexes au niveaux des actionneurs rotatifs, au lieu de rotors à tangage fixe utilisant la variation de la vitesse du moteur pour la commande du véhicule.

2. l'utilisation de quatre rotors de plus petit diamètre contrairement à un seul rotor pour les hélicoptères permet un meilleur dimensionnement par rapport à la structure.

La commande d'un quadrirotor prend en compte les variations entre les moteurs, chaque moteur fournit un niveau différent de poussée. Pour se stabiliser, un quadrirotor doit fournir une quantité de poussée égale pour chacun des ces quatre moteurs. Le système de commande permet de prendre en compte les variations entre les moteurs et règle la puissance de chaque moteur afin que cette dernière soit équivalente. Ces quatre rotors répartis de façon homogène sur la structure permettent également de supporter le quadrirotor et de le guider.

5.4.1 Dynamique du quadrirotor

Dans notre modèle de quadrirotor le formalisme de Newton-Euler considère :
– La structure du quadrirotor comme étant un corps rigide.

– La structure du quadrirotor comme étant une structure symétrique.

– Le (cg) du quadrirotor en adéquation avec le centre de la structure.

Le moment d'inertie s'obtient en supposant que le quadrirotor soit composé d'une sphère centrale de rayon r et de masse m, entourée de quatre moteurs de masse m_i. Chaque moteur est relié à la sphère centrale par un bras de longueur l. (Voir figure 5.8).

Soit v le vecteur de vitesse du quadrirotor, en appliquant la loi de Newton au mouvement de translation on obtient :

$$m\frac{d(v)}{dt_I} = F, \qquad (5.30)$$

où m est la masse du quadrirotor, F est la pousse totale du quadrirotor et $\frac{d}{dt_I}$ est la dérivée par rapport au temps dans le référentiel inertiel. L'équation du mouvement d'un corps rigide sujet au vecteur du couple $\tau \in \mathbb{R}^3$ appliqué au centre de masse placé

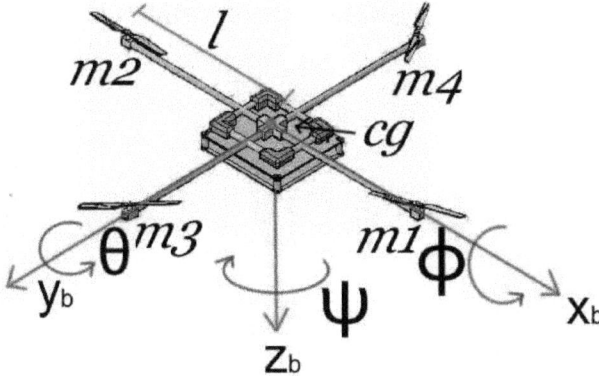

FIGURE 5.8 – Schéma du quadrirotor.

au centre du repère de coordonnées du corps $\mathcal{B}$ est donné par l'équation suivante :

$$\mathbf{J}\dot{\omega} + \omega \times \mathbf{J}\omega = \tau \tag{5.31}$$

où $\mathbf{J} \in \mathbb{R}^3$ est la matrice d'inertie exprimé en le référentiel du corps $\mathcal{B}$.

En substituant (5.28) dans (5.31), nous obtenons :

$$\mathbf{J}W\ddot{\eta} + \mathbf{J}\dot{W}\dot{\eta} + W\dot{\eta} \times \mathbf{J}W\dot{\eta} = \tau \tag{5.32}$$

où W_η a été défini en (5.6).

En définissant la pseudo-matrice $\mathbb{J}(\eta) = \mathbf{J}W$ et un vecteur de Coriolis-centripète $C(\dot{\eta}, \eta) = \dot{\mathbb{J}}\dot{\eta} + W\dot{\eta} \times \mathbb{J}\dot{\eta}$, le système (5.32) peut être décrit comme :

$$\mathbb{J}(\eta)\ddot{\eta} + C(\dot{\eta}, \eta) \tag{5.33}$$

Ce modèle a la même structure que le système présenté dans [Castillo 2005a] ce qui est obtenu en utilisant l'approche d'Euler-Lagrange. Les différences principales sont les expressions de $\mathbb{J}$ et C qui sont plus complexes et plus difficiles à mettre en application. Alors, de (5.33), la dynamique de cette classe d'hélicoptère est réglée par le système :

$$\mathbb{J}(\eta)\ddot{\eta} = \tau - C(\dot{\eta}, \eta) \tag{5.34}$$

Les couples de fuselage produits par le rotors sont donnés par :

$$\tau = \begin{bmatrix} \tau_\psi \\ \tau_\theta \\ \tau_\phi \end{bmatrix} = \begin{bmatrix} k_\tau(\omega_f + \omega_b - \omega_r - \omega_l) \\ lk(\omega_l - \omega_r) \\ lk(\omega_f - \omega_b) \end{bmatrix} \tag{5.35}$$

où k et k_τ sont des constantes positives qui caractérisent l'aérodynamique de propulsion.

En raison de la symétrie du quadrirotor, sa matrice inertielle est définie par :

$$\mathbf{J} = \begin{bmatrix} J_x & 0 & 0 \\ 0 & J_y & 0 \\ 0 & 0 & J_z \end{bmatrix} \qquad (5.36)$$

et

$$\mathbf{J^{-1}} = \begin{bmatrix} \frac{1}{J_x} & 0 & 0 \\ 0 & \frac{1}{J_y} & 0 \\ 0 & 0 & \frac{1}{J_z} \end{bmatrix} \qquad (5.37)$$

où $J_x = J_y = J_z = \frac{2mr^2}{5} + 2l^2 m_i$.

5.4.2   Approche de Newton-Euler

En considérant le référentiel inertiel $\mathcal{I}$ et le référentiel du corps $\mathcal{B}$ (voir figure 5.7). Les coordonnées du quadrirotor sont $s = (x, y, z, \psi, \theta, \phi) \in \mathbb{R}^6$. Le centre de masse et l'origine du référentiel du corps coïncident. L'orientation de la structure dans l'espace s'obtient à partir d'une matrice de rotation $\mathcal{R}$ de $\mathcal{B}$ à $\mathcal{I}$ (5.43), où $\mathcal{R} \in SO(3)$. La dynamique d'un corps sous forces externes appliquées au centre de gravité dans le référentiel inertiel est :

$$\dot{\xi} = v \qquad (5.38)$$
$$m\dot{v} = f \qquad (5.39)$$
$$\dot{\mathcal{R}} = \mathcal{R}\hat{\Omega} \qquad (5.40)$$
$$\mathbb{J}\dot{\Omega} = -\Omega \times \mathbf{J}\Omega + \tau \qquad (5.41)$$

où $\xi = [x, y, z]^T \in \mathbb{R}^3$ est le vecteur de position du centre de masse du corps rigide exprimé dans le repère inertiel $\mathcal{I}$ et l'orientation du corps rigide η est donné par le vecteur d'angles $\eta = [\psi, \theta, \phi]^T \in \mathbb{R}^3$ qui représentent la rotation en lacet, en tangage et en roulis au repère du corps $\mathcal{B}$ par rapport à $\mathcal{I}$. $\mathbf{J}$ est la matrice inertielle et g est l'accélération due à la gravité. Le vecteur de vitesse angulaire ω dans le référentiel du corps est lié à la vitesse généralisée $\dot{\eta}$. La relation entre la vitesse du corps de l'aéronef et ses référentiels, s'établit de la manière suivante :

$$\begin{bmatrix} \dot{x} \\ \dot{y} \\ \dot{z} \end{bmatrix}_\mathcal{I} = \mathcal{R} \begin{bmatrix} \dot{x} \\ \dot{y} \\ \dot{z} \end{bmatrix}_\mathcal{B} \qquad (5.42)$$

Avec $\mathcal{R} \in \mathbb{R}^3$ qui est la matrice de rotation qui relie le référentiel du quadrirotor $\mathcal{B}$ et le référentiel inertiel $\mathcal{I}$, définit à partir de l'équation (5.27) comme :

$$\mathcal{R} = \begin{bmatrix} c_\psi c_\theta & s_\psi c_\theta & -s_\theta \\ c_\psi s_\theta s_\phi - s_\psi c_\phi & s_\psi s_\theta s_\phi + c_\psi c_\phi & c_\theta s_\phi \\ c_\psi s_\theta c_\phi + s_\psi s_\phi & s_\psi s_\theta c_\phi - c_\psi s_\phi & c_\theta c_\phi \end{bmatrix} \quad (5.43)$$

où $s\theta = \sin\theta$ et $c\theta = \cos\theta$, ce notation s'applique à $s\phi, c\phi, s\psi$ et $c\psi$.

Le mouvement rotationnel s'obtient en fonction des variables d'état tels que les angles du référentiel du véhicule (ϕ, θ, ψ) et la vitesse angulaire des angles du référentiel du corps.

5.4.3 Forces aérodynamiques et couples

Les forces générées par chaque rotor sont dites aérodynamiques et permettent de lever un objet à l'inverse de la force de gravité l'attirant vers le sol. Les moments sont des couples générés pour accomplir des mouvements de roulis, lacet et tangage (voir figure 5.9). Les forces et couples produites sont :

La poussée   la poussée total du quadrirotor est la somme des poussées produite par chacune des hélices.

$$u = f_f + f_r + f_b + f_l \quad (5.44)$$

La pousse de chaque moteur peut être définie comme étant $f_i = k_i \omega_i^2, i = 1, \ldots, 4$, autour de l'axe z, $k_i > 0$ est une constante selon la densité de l'air, du rayon, de la forme de l'hélice et d'autres forces et ω_i est la vitesse angulaire du moteur i :

$$u = k_f \omega_f^2 + k_r \omega_r^2 + k_b \omega_b^2 + k_l \omega_l^2 \quad (5.45)$$

c'est à dire :

$$F = \begin{bmatrix} 0 \\ 0 \\ u \end{bmatrix} \quad (5.46)$$

Le couple de roulis est le couple issu de l'augmentation de la poussée du moteur gauche lorsque le moteur droite diminue sa poussée, et vice versa.

$$\tau_\phi = l(f_l - f_r) \quad (5.47)$$

Le couple de tangage est le couple issu de l'augmentation de la pousse du moteur d'avant lorsque le moteur arrière diminue sa poussée, et vice versa.

$$\tau_\theta = l(f_f - f_b) \quad (5.48)$$

Le couple de lacet est le résultat de couples individuels générés à partir de la rotation des moteurs. Les moteurs avant et arrière tournent dans le sens des aiguilles d'une montre lorsque les moteurs gauche et droit tournent dans le sens inverse des aiguilles d'une montre. Le déséquilibre entre ces paires affecte le quadrirotor et le fait tourner autour de son axe z :

$$\tau_\psi = \tau_f + \tau_b - \tau_r - \tau_l \quad (5.49)$$

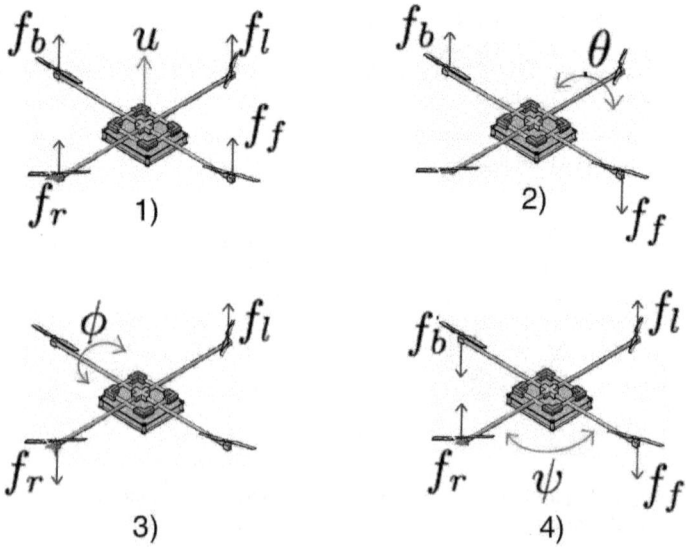

FIGURE 5.9 – Forces aérodynamiques et couples. 1) La poussée. 2) Le couple de tangage. 3) Le couple de roulis. 4) Le couple de lacet.

La force gravitationnelle agit sur le centre de gravité (*cg*) du quadrirotor. Cette force se représente dans le référentiel du quadrirotor de la façon suivante :

$$F_{\mathcal{B}} = \mathcal{R} \begin{bmatrix} 0 \\ 0 \\ -mg \end{bmatrix} = \begin{bmatrix} mg\sin\theta \\ -mg\cos\theta\sin\phi \\ -mg\cos\theta\cos\phi \end{bmatrix} \tag{5.50}$$

où g est la constante gravitationnelle. En conséquence, on obtient :

$$m\ddot{\xi} + F_{\mathcal{B}} = F_{\xi} \tag{5.51}$$

ainsi

$$m\ddot{\xi} = F_{\mathcal{B}} - mgz_{\mathcal{I}} \tag{5.52}$$

En réécrivant le système (5.39) on obtient :

$$\dot{\xi} = v \tag{5.53}$$
$$m\dot{v} = F_{\mathcal{B}} - mgz_{\mathcal{I}} \tag{5.54}$$
$$\dot{\mathcal{R}} = \mathcal{R}\hat{\Omega} \tag{5.55}$$
$$\mathbf{J}\dot{\Omega} = -\Omega \times \mathbf{J}\Omega + \tau \tag{5.56}$$

Les équations des couples dans le système sont définies par :

$$\begin{bmatrix} \ddot{\phi} \\ \ddot{\theta} \\ \ddot{\psi} \end{bmatrix} = \begin{bmatrix} \frac{J_y - J_z}{J_x}\dot{\theta}\dot{\psi} \\ \frac{J_z - J_x}{J_y}\dot{\phi}\dot{\psi} \\ \frac{J_x - J_y}{J_z}\dot{\phi}\dot{\theta} \end{bmatrix} + \begin{bmatrix} \frac{1}{J_x}\tau_\phi \\ \frac{1}{J_y}\tau_\theta \\ \frac{1}{J_z}\tau_\psi \end{bmatrix} \tag{5.57}$$

En fait, la relation entre la vitesse angulaire ω du rotor et de la portance produite est très complexe. Notez que la dynamique de rotation de (5.34) ne dépend pas de la dynamique de translation puisque cette équation est une fonction des variables d'orientation et du vecteur des couples. Nous proposons un changement des variables d'entrée :

$$\tau = C(\eta, \dot{\eta}) + \mathbb{J}\tilde{\tau} \tag{5.58}$$

de manière simplifiée, on a :

$$\ddot{\psi} = \tilde{\tau}_\psi \tag{5.59}$$
$$\ddot{\theta} = \tilde{\tau}_\theta \tag{5.60}$$
$$\ddot{\phi} = \tilde{\tau}_\phi \tag{5.61}$$

où $\tilde{\tau}_\psi, \tilde{\tau}_\theta, \tilde{\tau}_\phi$ sont les nouvelles entrées de couple de tangage, de roulis et de lacet respectivement. Ils sont liés aux couples généralisés $\tau_\psi, \tau\theta, \tau_\phi$ par :

$$\overline{\tau} = \begin{bmatrix} \tilde{\tau}_\psi \\ \tilde{\tau}_\theta \\ \tilde{\tau}_\phi \end{bmatrix} = \mathbb{J}^{-1}(\tau - C(\eta, \dot{\eta})\dot{\eta}) \tag{5.62}$$

En utilisant (5.52) et (5.62), le modèle simplifié du quadrirotor est représenté par le système suivant :

$$m\ddot{x} = -u\sin\theta \tag{5.63}$$
$$m\ddot{y} = u\cos\theta\sin\phi \tag{5.64}$$
$$m\ddot{z} = u\cos\theta\cos\phi - mg \tag{5.65}$$
$$\ddot{\psi} = \tilde{\tau}_\psi \tag{5.66}$$
$$\ddot{\theta} = \tilde{\tau}_\theta \tag{5.67}$$
$$\ddot{\phi} = \tilde{\tau}_\phi \tag{5.68}$$

où x et y sont les coordonnées dans le plan horizontal et z est l'altitude du quadri-rotor.

5.5 Conclusion

Dans ce chapitre, nous avons abordé la modélisation de deux engins volants, d'une part, par l'obtention du modèle dynamique simplifié d'un hélicoptère à huit rotors et d'autre part, par l'obtention du modèle dynamique simplifié d'un quadri-rotor. L'élaboration d'un tel modèle est une étape préalable nécessaire à la synthèse des lois de commande pour un vol autonome. Cette synthèse est abordée dans le chapitre suivant. Pour arriver à cette modélisation, nous avons considéré les objets volants comme des objets solides se déplaçant dans un environnement 3D, lesquels sont influencés par des forces et des couples appliqués sur le fuselage selon le type d'objet volant considéré en utilisant le formalisme de Newton-Euler.

Lois de commande

Sommaire

Les systèmes de commande sont très importants dans le domaine des véhicules aériens. Les algorithmes de commande proposés dans ce travail fournissent une stabilité importante à notre plateforme en présence de différentes incertitudes du système. Nous proposons également une synthèse de lois de commande afin d'augmenter la stabilité du système. La stratégie de commande modifie légèrement le comportement dynamique de l'aéronef dans le but de simplifier son vol. Un des objectifs de cette thèse était de proposer un système de commande non-linéaire des systèmes mécaniques connus comme systèmes sous-actionnés. Nous montrons les applications des algorithmes de commande non-linéaire pour stabiliser l'attitude et la position des plateformes proposés (X8 et X4) par le biais des capteurs visuels. Les lois de commande proposées sont les lois de commande linéaire Proportionnel Dérivative (PD) et les lois de commande de saturations séparées qui bornent chaque état. Étant donné que le quadrirotor a des contraintes physiques sur les amplitudes des entrées de commande, nous allons proposer une stratégie de commande qui permet de respecter ces contraintes.

6.1 Système sous-actionné

Les systèmes mécaniques sous-actionnés sont des systèmes qui ont un nombre d'entrées inférieures aux nombres des variables de la configuration. Les systèmes sous-actionnés apparaissent dans une large gamme d'applications comme la robotique, les systèmes aérospatiaux, les systèmes marines et les systèmes de locomotion.

Le quadrirotor est un système sous-actionné avec quatre actionneurs qui commandent six dégrées de liberté : trois pour la position et trois pour l'orientation. La commande en vol stationnaire doit accomplir deux objectifs simultanément :
   – contrôler la position du quadrirotor,

   – stabiliser son orientation (les angles de roulis, de lacet et de tangage).

6.2   Loi de commande d'un hélicoptère à huit rotors X8

En raison du découplage des dynamiques rotationnelles et translationnelles, [Romero 2009] la stratégie de commande peut être appliquée pour simplifier l'analyse et à partir de $\mathbb{J}$ non-singulier, considérons la loi de commande suivante :

$$\tau = \tau_f + \tau_g + \mathbb{C}(\eta, \dot{\eta})\dot{\eta} + \mathbb{J}W_\eta \left(\tilde{\tau} + \Delta\tau_{x,y} \right) - \Delta\tau_{x,y} \tag{6.1}$$

où

$$\tilde{\tau} = [\tilde{\tau}_\psi \quad \tilde{\tau}_\theta \quad \tilde{\tau}_\phi]^T \tag{6.2}$$

sont les nouvelles entrées. En remplaçant (6.1) en (5.20) on a,

$$\ddot{\eta} = \tilde{\tau} + \Delta\tau_{x,y} \tag{6.3}$$

en réécrivant (5.17)-(5.20), on obtient

$$
\begin{aligned}
m\ddot{x} &= u_x c_\theta c_\psi - u_y \left(c_\phi s_\psi - c_\psi s_\theta s_\phi \right) \\
&\quad + (u + b\bar{u}) \left(s_\phi s_\psi + c_\phi c_\psi s_\theta \right) + k_{dx}\dot{x} \tag{6.4} \\
m\ddot{y} &= u_x c_\theta s_\psi + u_y \left(c_\phi c_\psi + s_\theta s_\phi s_\psi \right) \\
&\quad - (u + b\bar{u}) \left(c_\psi s_\phi - c_\phi s_\theta s_\psi \right) + k_{dy}\dot{y} \tag{6.5} \\
m\ddot{z} &= -u_x s_\theta + u_y c_\theta s_\phi - mg \\
&\quad + (u + b\bar{u}) \, c_\theta c_\phi + k_{dz}\dot{z} \tag{6.6} \\
\ddot{\psi} &= \tilde{\tau}_\psi \tag{6.7} \\
\ddot{\theta} &= \tilde{\tau}_\theta + bu_x \tag{6.8} \\
\ddot{\phi} &= \tilde{\tau}_\phi + bu_y \tag{6.9}
\end{aligned}
$$

où u_x et u_y sont les entrées de commande grâce aux déplacements latéraux, u est la poussée principale qui agit sur l'axe z du référentiel $\mathcal{B}$. $\tilde{\tau}_\psi$, $\tilde{\tau}_\theta$ et $\tilde{\tau}_\phi$ sont les nouveaux moments angulaires (moments de lacet, tangage et roulis).

6.2.1   Commande d'attitude

La commande d'attitude s'obtient en utilisant les contrôleurs Proportionnel Dérivative (PD) voir figure 6.1 :

$$\tilde{\tau}_\psi = \sigma_a(-a_1\dot{\psi} - a_2(\psi - \psi_d)) \tag{6.10}$$

$$\tilde{\tau}_\theta = \sigma_a(-a_3\dot{\theta} - a_4\theta) - bu_x \tag{6.11}$$

$$\tilde{\tau}_\phi = \sigma_a(-a_5\dot{\phi} - a_6\phi) - bu_y \tag{6.12}$$

où σ_p est la fonction de saturation et se définie par :

$$\sigma_p(s) = \begin{cases} p & \text{si} \quad s > p \\ s & \text{si} \quad -p \leq s \leq p \\ -p & \text{si} \quad s < -p \end{cases} \tag{6.13}$$

En remplaçant $(6.10) - (6.12)$ dans $(6.7) - (6.9)$, on obtient

$$\ddot{\psi} = \sigma_a(-a_1\dot{\psi} - a_2(\psi - \psi_d)) \tag{6.14}$$

$$\ddot{\theta} = \sigma_a(-a_3\dot{\theta} - a_4\theta) \tag{6.15}$$

$$\ddot{\phi} = \sigma_a(-a_5\dot{\phi} - a_6\phi) \tag{6.16}$$

où a_i sont des constantes positives telles que le polynôme $s^2 + a_i s + a_{i+1}$ soit stable (pour $i = 1, ..., 6$). Les paramètres de commande a_i pour $i = 1, \ldots, 6$, ont été choisis afin d'obtenir un amortissement critique.

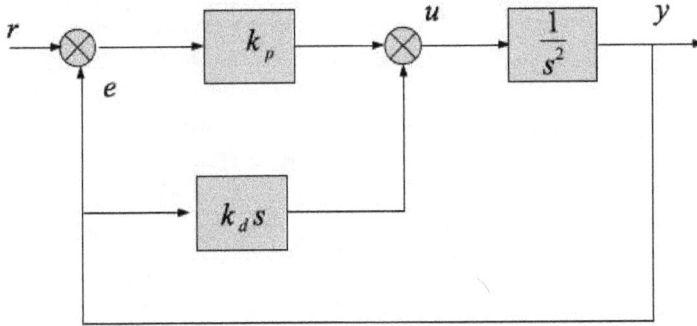

FIGURE 6.1 – Boucle PD standard.

6.2.2 Commande du déplacement horizontal et d'altitude

On note que $(6.14) - (6.16)$ $\psi, \theta, \phi \to 0$. Pour un temps T, assez grand, ψ, θ et ϕ sont assez petits. Pourtant, (6.4), (6.5) et (6.6) peuvent se réduire à

$$m\ddot{x} = u_x + k_{dx}\dot{x} \tag{6.17}$$

$$m\ddot{y} = u_y + k_{dy}\dot{y} \tag{6.18}$$

$$m\ddot{z} = u - mg + b\bar{u} + k_{dz}\dot{z} \tag{6.19}$$

Les entrées de commande suivantes sont alors suggérées

$$u_x = -m\sigma_b \left(b_1\dot{x} + b_2\left(x - x_d\right)\right) - k_{dx}\dot{x} \tag{6.20}$$

$$u_y = -m\sigma_b \left(b_3\dot{y} + b_4\left(y - y_d\right)\right) - k_{dy}\dot{y} \tag{6.21}$$

$$u = -m\sigma_b \left(b_5\dot{z} + b_6(z - z_d)\right) + mg - b\bar{u} - k_{dz}\dot{z} \tag{6.22}$$

alors la dynamique translationnelle (6.17)-(6.19) devient

$$\ddot{x} = -\sigma_b \left(b_1\dot{x} + b_2\left(x - x_d\right)\right) \tag{6.23}$$

$$\ddot{y} = -\sigma_b \left(b_3\dot{y} + b_4\left(y - y_d\right)\right) \tag{6.24}$$

$$\ddot{z} = -\sigma_b \left(b_5\dot{z} + b_6(z - z_d)\right) \tag{6.25}$$

où x_d, y_d et z_d sont les coordonnées de la position désirée de l'aéronef. Selon les équations (6.14)-(6.16), les paramètres de commande b_i pour $i = 1, \ldots, 6$, doivent être choisis méticuleusement pour obtenir une réponse modérée. La stabilité de la dynamique rotationnelle et translationnelle en (6.14)-(6.16) et en (6.23)-(6.25) montrées ci-dessous ont été inspirées de [Sussman 1988].

Les systèmes de commande en boucle fermée (6.14)-(6.16) et (6.23)-(6.25) peuvent être représentés comme un double intégrateur, de la manière suivante :

$$\begin{aligned} \dot{x}_1 &= x_2 \\ \dot{x}_2 &= \tilde{u} \end{aligned} \tag{6.26}$$

Avec la loi de commande suivante :

$$\tilde{u} = -\sigma_p(\bar{k}_1 x_1 + \bar{k}_2 x_2) \tag{6.27}$$

Pour prouver la stabilité du système nous proposons la fonction de Lyapunov candidate :

$$V(x_1, x_2) = \int\limits_0^{\bar{k}_1 x_1 + \bar{k}_2 x_2} \sigma_p(t)dt + \frac{1}{2}\bar{k}_1 x_2^2 \tag{6.28}$$

avec les constantes $\bar{k}_1 > 0$ et $\bar{k}_2 > 0$ donc

$$\begin{aligned} \dot{V}(x_1, x_2) &= \sigma_p(\bar{k}_1 x_1 + \bar{k}_2 x_2)(\bar{k}_1\dot{x}_1 + \bar{k}_2\dot{x}_2) \\ &\quad + \bar{k}_1 x_2\dot{x}_2 \\ &= -\bar{k}_2\sigma_p^2(\bar{k}_1 x_1 + \bar{k}_2 x_2) \end{aligned} \tag{6.29}$$

On note que $V(x_1, x_2)$ est une fonction positive définie et $\dot{V}(x_1, x_2)$ est une fonction négative définie. Par conséquent, le système en boucle fermée est asymptotiquement stable.

6.3   Commande d'une hélicoptère à quatre rotors X4

La stratégie de commande est basée sur la technique de saturation emboîtée et borne les entrées de commande établie d'après l'analyse de stabilité de Lyapunov. Les conditions suivantes spécifiques aux drones doivent être considérées :
– les saturations non-linéaires sont particulièrement fréquentes là où la saturation de l'actionneur a un effet significatif sur la stabilité globale de l'appareil ;

– la plupart des microprocesseurs ont une puissance informatique limitée, ainsi les algorithmes de commande doivent être simples de façon à utiliser un minimum d'instructions.

Également nous étudions des lois de commande à saturations séparées avec un suivi de trajectoires.

6.3.1   Stabilisation avec des entrées bornées pour le système non couplé

On note que le système (5.63)-(5.68) peut être divisé en quatre sous-systèmes couplés, où chaque sous-système est commandé par une entrée simple. On propose la stratégie de commande suivante :
– commander l'altitude z avec l'entrée u,

– commander l'angle de lacet ψ, en utilisant le couple $\tilde{\tau}_\psi$,

– stabiliser le mouvement horizontal $(\theta - x)$, en utilisant l'entrée $\tilde{\tau}_\theta$,

– stabiliser le mouvement horizontal $(\phi - y)$, en utilisant l'entrée $\tilde{\tau}_\phi$.

6.3.1.1   Commande de l'altitude et de l'angle de lacet ψ

Nous proposons la loi de commande suivante afin d'avoir un comportement linéaire sur l'altitude de l'hélicoptère :

$$u = (r_1 + mg)\frac{1}{\cos\theta\cos\phi} \tag{6.30}$$

où r_1 est un polynôme stable qui est définie comme :

$$r_1 \triangleq -a_{z1}\dot{z} - a_{z2}(z - z_d), \tag{6.31}$$

où a_{z1}, a_{z2} sont des constantes positives et z_d est l'altitude désirée. De la même façon, l'angle de lacet (ψ) peut être commandée en utilisant :

$$\tilde{\tau}_\psi = -a_{\psi 1}\dot{\psi} - a_{\psi 2}(\psi - \psi_d) \tag{6.32}$$

où $a_{\psi 1}, a_{\psi 2}$ sont des constantes positives et ψ_d est l'angle de lacet désiré. En introduissant les équations (6.30) - (6.32) dans (5.65) - (5.66) en supposant que $\cos\theta\cos\phi \neq 0$, c'est à dire $\theta, \phi \in [-\pi/2, \pi/2]$, on obtient :

$$m\ddot{x} = -(r_1 + mg)\frac{\tan\theta}{\cos\phi}, \tag{6.33}$$

$$m\ddot{y} = (r_1 + mg)\tan\phi, \tag{6.34}$$

$$\ddot{z} = \frac{1}{m}(-a_{z1}\dot{z} - a_{z2}(z - z_d)), \tag{6.35}$$

$$\ddot{\psi} = -a_{\psi 1}\dot{\psi} - a_{\psi 2}(\psi - \psi_d) \tag{6.36}$$

Les gains des lois de commande $a_{\psi 1}, a_{\psi 2}, a_{z1}$, et a_{z2} sont des constantes positives qui assurent la stabilité du système.

Nous avons de (6.35) et (6.36) que si ψ_d et z_d sont des valeurs constantes, alors on en déduit que ψ et z convergent vers les valeurs souhaitées, c'est à dire $\psi \to \psi_d$ et $z \to z_d$. Également que $\dot{\psi}$ et $\ddot{\psi} \to 0$.

6.3.1.2   Commande du déplacement horizontal suivant l'axe y et de l'angle de roulis ϕ

Notons que (6.35), implique qu'après un temps T assez grand, r_1 et ψ sont arbitrairement petits et par conséquent (6.33) et (6.34) sont réduits à :

$$\ddot{x} = -mg\frac{\tan\theta}{\cos\phi} \tag{6.37}$$

$$\ddot{y} = mg\tan\phi \tag{6.38}$$

D'abord, nous considérons le sous-système ϕ donné par (5.68) et (6.38). Pour stabiliser ce sous-système nous proposons la commande non-linéaire suivante basée sur des saturations emboîtées et l'analyse de Lyapunov. Pour simplifier l'analyse, nous allons considérer une borne sur $|\phi|$ telle que la différence $\tan(\phi) - (\phi)$ soit arbitrairement petite. De cette façon, le sous-système (6.38) et (5.68) est réduit à :

$$\ddot{y} = mg\phi \tag{6.39}$$

$$\ddot{\phi} = \tilde{\tau}_\phi \tag{6.40}$$

qui représente quatre intégrateurs en cascade. La loi de commande qui stabilise le système est :

$$\tilde{\tau}_\phi = -\sigma_{\phi 1}(\dot{\phi}) - \sigma_{\phi 2}(\phi + \dot{\phi}) - \sigma_{\phi 3}(2\phi + \dot{\phi} + \frac{\dot{y}}{g}) - \sigma_{\phi 4}(\dot{\phi} + 3\phi + 3\frac{\dot{y}}{g} + \frac{y}{g}), \tag{6.41}$$

où σ_a est une fonction de saturation du type :

$$\sigma_a(s) = \begin{cases} -a & \text{pour} & s < -a \\ s & \text{pour} & -a \le s \le a \\ a & \text{pour} & s > a \end{cases} \tag{6.42}$$

Nous avons que cette loi de commande permet la convergence des états $\psi, \dot{\psi}, y$ et $\dot{y}$ vers zéro voir [Castillo 2005a]. Cette loi de commande a été prise de la technique développée par [Sussman 1988], basée sur la commande de saturations séparées.

6.3.1.3   Commande du déplacement horizontal suivant l'axe x et de l'angle de tangage θ

En introduissant (6.31) dans (6.38) et (5.68) nous obtenons que $\dot{\phi}, \phi \to 0$. Ceci implique que (6.37) se réduit à :

$$\ddot{x} = -mg \tan \theta \qquad (6.43)$$
$$\ddot{\theta} = \tilde{\tau}_\theta \qquad (6.44)$$

Comme auparavant, nous supposons que la stratégie de commande assurera une borne sur $|\theta|$ telle que $\tan \theta \approx \theta$. Par conséquent (6.43) devient :

$$\ddot{x} = -mg\theta \qquad (6.45)$$
$$\ddot{\theta} = \tilde{\tau}_\theta \qquad (6.46)$$

Pour stabiliser ce système nous proposons :

$$\tilde{\tau}_\theta = -\sigma_{\theta 1}(\dot{\theta}) - \sigma_{\theta 2}(\theta + \dot{\theta}) - \sigma_{\theta 3}(2\theta + \dot{\theta} + \frac{\dot{x}}{g}) - \sigma_{\theta 4}(\dot{\theta} + 3\theta + 3\frac{\dot{x}}{g} + \frac{x}{g}), \qquad (6.47)$$

Avec cette loi de commande, nous garantissons que les états $\theta, \dot{\theta}, x$ et $\dot{x}$ convergent vers zéro, voir [Castillo 2005a] et [Sussman 1988].

6.3.2   Analyse de stabilité d'un hélicoptère du type X4

Les équations (6.38), (6.37) et (6.40), (6.44) peuvent se réduire à :

$$w^{(4)}(t) = u(t) \qquad (6.48)$$

Nous définissons le changement de variables suivant :

$$z_1 = w^{(3)} \qquad (6.49)$$
$$z_2 = z_1 + \ddot{w} \qquad (6.50)$$
$$z_3 = z_2 + \ddot{w} + \dot{w} \qquad (6.51)$$
$$z_4 = z_3 + \ddot{w} + 2\dot{w} + w \qquad (6.52)$$

et la loi de commande ci-dessous :

$$u = -\sigma_a(z_1) - \sigma_b(z_2) - \sigma_c(z_3) - \sigma_d(z_4) \qquad (6.53)$$

où σ_η est une fonction de saturation. La loi de commande (6.53) stabilise asymptotiquement le système (6.48) autour de l'origine.

Considérons la fonction de Lyapunov positive définie suivante $V_1 = \frac{1}{2} z_1^2$, en dérivant par rapport au temps nous avons :

$$\dot{V}_1 = -z_1 \left(+\sigma_a(z_1) + \sigma_b(z_2) + \sigma_c(z_3) + \sigma_d(z_4) \right) \qquad (6.54)$$

Si $|z_1| > a$ et $a > b + c + d$ alors $\dot{V}_1 < 0$. Ceci implique qu'il y a un temps fini T_1 tel que $\forall t > T_1$, (6.53) devient

$$u = -z_1 - \sigma_b(z_2) - \sigma_c(z_3) - \sigma_d(z_4)$$

De (6.50) nous avons alors

$$\dot{z}_2 = w^{(4)} + z_1 = -\sigma_b(z_2) - \sigma_c(z_3) - \sigma_d(z_4)$$

Si on définit la fonction positive $V_2 = \frac{1}{2} z_2^2$ alors

$$\dot{V}_2 = -z_2 \left(\sigma_b(z_2) + \sigma_c(z_3) + \sigma_d(z_4) \right) \tag{6.55}$$

Notons que si $|z_2| > b$ et $b > c + d$, alors $\dot{V}_2 < 0$. Ceci signifie qu'il y a un temps fini T_2 tel que $\forall t > T_2$ alors $|z_2| < b$, la loi de commande devient :

$$u = -z_1 - z_2 - \sigma_c(z_3) - \sigma_d(z_4)$$

En dérivant (6.51) par rapport au temps nous obtenons :

$$\dot{z}_3 = \dot{z}_2 + z_2 = -\sigma_c(z_3) - \sigma_d(z_4)$$

Considérons la fonction positive $V_3 = \frac{1}{2} z_3^2$ donc

$$\dot{V}_3 = -z_3 \left(\sigma_c(z_3) + \sigma_d(z_4) \right) \tag{6.56}$$

Si nous proposons $c > d$ ceci implique $|z_3| > d$ et $\dot{V}_3 < 0$. On sait qu'il y a un temps fini T_3 tel que $\forall t > T_3$ $|z_3| < c$ et

$$u = -z_1 - z_2 - z_3 - \sigma_d(z_4)$$

De (6.52) on a

$$
\begin{aligned}
\dot{z}_4 &= \dot{z}_3 + w^{(3)} + 2\ddot{w} + \dot{w} \\
&= \dot{z}_3 + z_2 + \ddot{w} + \dot{w} \\
&= \dot{z}_3 + z_3 \\
&= -\sigma_d(z_4)
\end{aligned}
$$

Définissons la fonction positive $V_4 = \frac{1}{2} z_4^2$. Si on prend sa dérivée par rapport au temps, on obtient :

$$\dot{V}_4 = -z_4 \left(\sigma_d(z_4) \right) \tag{6.57}$$

De (6.57) on a que $z_4 \to 0$. De (6.56) nous obtenons que $z_3 \to 0$. Ceci implique que de (6.55) $z_2 \to 0$ et finalement de (6.54) nous obtenons que $z_1 \to 0$. Des définitions de z_i, nous avons que $w^{(i)} \to 0$.

6.4 Synthèse de la loi commande pour le suivi de trajectoires d'un X4

Nous avons utilisé cette approche pour le suivi d'une ligne. La commande proposée a des erreurs variables que nous définissons comme étant $e_\phi = \phi - \phi_d$; et $e_y = y - y_d$; où ϕ_d, y_d sont des valeurs constantes désirées. Celles-ci sont représentées par quatre intégrateurs en cascade

$$
\begin{aligned}
\dot{e}_{y1} &= e_{y2} \\
\dot{e}_{y2} &= e_{y3} \\
\dot{e}_{y3} &= e_{y4} \\
\dot{e}_{y4} &= u = \frac{g}{J_{yy}}\tilde{\tau}_\phi
\end{aligned}
\tag{6.58}
$$

où

$$
\begin{aligned}
\dot{e}_y &= \dot{y} \\
\ddot{e}_y &= g e_\phi \\
\dddot{e}_y &= g \dot{e}_\phi \\
e_y^{(4)} &= u = \frac{g}{J_{yy}}\tilde{\tau}_\phi
\end{aligned}
\tag{6.59}
$$

La fonction de saturation $\sigma_{\phi_i}(s)$; se définit comme étant :

$$
\sigma_{\phi_i}(s) = \begin{cases} -\phi_i & \text{pour} & s < -\phi_i \\ s & \text{pour} & -\phi_i \le s \le \phi_i \\ \phi_i & \text{pour} & s < -\phi_i \end{cases}
\tag{6.60}
$$

Le système (6.59) est stable en utilisant la stratégie de commande

$$
u = -\sigma_{\phi_4}(k_{\phi 4}\dot{e}_\phi) - \zeta_4 \qquad \forall k_{\phi i} > 0
\tag{6.61}
$$

avec $\zeta_i = \sum_{j=1}^{i-1} \sigma_{\phi j}(k_{\phi j}\dot{e}_{\phi j})$, $\zeta_1 = 0$, $|\dot{e}_\phi|$ bornée, ζ_i est une fonction bornée, $|\zeta_i| \le b_{\zeta_i}$ et $b_{\zeta_i} > 0$.

Démonstration. L'analyse de stabilité utilise l'approche de stabilité de Lyapunov. Nous proposons une fonction positive et définie par :

$$
V_4 = \frac{1}{2}y_4^2
\tag{6.62}
$$

en calculant la dérivée par rapport au temps :

$$
\dot{V}_4 = y_4\dot{y}_4 = -y_4\zeta_4 = -(\dot{e}_\phi)(\sigma_{\phi_4}(k_{\phi 4}\dot{e}_\phi) + \zeta_4)
\tag{6.63}
$$

Notons que si $|k_{\phi 4}\dot{e}_\phi| > b_{\zeta_4}$ alors $\dot{V} < 0$. Impliquant que $|k_{\phi 4}\dot{e}_\phi(t)| \le b_{\zeta_4} \qquad \forall t > T_1$. $|\dot{e}_\phi| \le \frac{b_{\zeta_4}}{k_{\phi 4}}$, $|y_4| \le b\zeta_4$

En choisissant $\phi_4 > b_{\zeta_4}$, on obtient :

$$
u = -k_{\phi 4}\dot{e}_\phi - \zeta_4 \qquad \forall t > T_1
\tag{6.64}
$$

Nous définissons

$$\zeta_4 = -\sigma_{\phi_3}(k_{\phi 3}e_\phi) - \zeta_3 \qquad \forall k_{\phi i} > 0 \tag{6.65}$$

où $y_3 = e_\phi$, $|\sigma_{\phi_3}| < \phi_3$ est une fonction de saturation. Nous proposons la fonction positive suivante :

$$V_3 = \frac{1}{2}y_3^2 \tag{6.66}$$

avec

$$\dot{V}_3 = y_3\dot{y}_3 = -y_3\zeta_3 = -(e_\phi)(\sigma_{\phi_3}(k_{\phi 3}e_\phi) + \zeta_3) \tag{6.67}$$

Si $|k_{\phi 3}e_\phi| > b_{\zeta_3}$ alors $\dot{V} < 0$. Ce qui implique que $|k_{\phi 3}e_\phi(t)| \le b_{\zeta_3} \qquad \forall t > T_2$. $|e_\phi| \le \frac{b_{\zeta_3}}{k_{\phi 3}}$, $|y_3| \le b\zeta_3$

En utilisant $\phi_3 > b_{\zeta_3}$, nous avons :

$$u = -k_{\phi 4}\dot{e}_\phi - k_{\phi 3}e_\phi - \zeta_3 \qquad \forall t > T_2 \tag{6.68}$$

Nous définissons

$$y_2 = k_{\phi 3}\dot{e}_y + y_3 \tag{6.69}$$

Si nous dérivons cette fonction, on a :

$$\begin{aligned}
\dot{y}_2 &= k_{\phi 3}\dot{y}_2 + \dot{y}_3 \tag{6.70}\\
&= k_{\phi 3}e_\phi + u \tag{6.71}\\
&= k_{\phi 3}e_\phi - k_{\phi 3}e_\phi - \zeta_3 \tag{6.72}\\
&= -\zeta_3 \qquad \forall t > T_1 \tag{6.73}
\end{aligned}$$

on propose alors,

$$\begin{aligned}
\zeta_3 &= -\sigma_{\phi_2}(k_{\phi 2}\dot{e}_y) - \zeta_2 \tag{6.74}\\
&\tag{6.75}
\end{aligned}$$

en utilisant

$$V_2 = \frac{1}{2}y_2^2 \tag{6.76}$$

on obtient

$$\begin{aligned}
\dot{V}_2 &= -y_2\dot{y}_2 \tag{6.77}\\
&= -(y_2)(\sigma_{\phi_2}(k_{\phi 2}\dot{e}_y) + \zeta_2) \tag{6.78}\\
&= (k_{\phi 3}\dot{e}_y + y_3)(\sigma_{\phi_2}(k_{\phi 2}\dot{e}_y) + \zeta_2) \tag{6.79}
\end{aligned}$$

$$\begin{aligned}
|k_{\phi 3}\dot{e}_y| &> b_{\zeta_3} \tag{6.80}\\
|k_{\phi 3}\dot{e}_y| &> \frac{b_{\zeta_3}}{k_{\phi 3}} \Rightarrow \tag{6.81}\\
|\dot{e}_y| &> \frac{b_{\zeta_3}}{k_{\phi 3}^2} \tag{6.82}
\end{aligned}$$

Supposons que $\phi_2 > b_{\zeta_2}$, alors si $|\dot{e}_y| > \frac{b_{\zeta_2}}{k_{\phi_2}}$ on a

$$sgn(\sigma_{\phi_2}(k_{\phi_2}\dot{e}_y) + \zeta_2) = sgn(\dot{e}_y) \qquad (6.83)$$

Comme e_ϕ est bornée, alors y_3 est aussi bornée. Si $|\dot{e}_y| > \frac{b_{y_3}}{k_{\phi_3}}$ alors, nous avons

$$sgn(k_{\phi_3}\dot{e}_y + y_3) = sgn(\dot{e}_y) \qquad (6.84)$$

ça implique que $\dot{V}_2 < 0$ et $\exists T_3 > T_2$ tel que $\forall t > T_3$

$$|\dot{e}_y| < \frac{b_{\zeta_2}}{k_{\phi_2}} \qquad (6.85)$$

et

$$u = -k_{\phi_4}\dot{e}_\phi - k_{\phi_3}e_\phi - k_{\phi_2}\dot{e}_y - \zeta_2 \qquad \forall t \geq T_3 \qquad (6.86)$$

Soit $y_1 = k_{\phi_2}e_y + y_2$.

sa dérivée est :

$$
\begin{aligned}
\dot{y}_1 &= k_{\phi_2}\dot{y}_1 + \dot{y}_2 & (6.87)\\
&= k_{\phi_2}\dot{e}_y + k_{\phi_3}e_\phi - k_{\phi_3}e_\phi - k_{\phi_2}\dot{e}_y - \zeta_2 & (6.88)\\
&= -\zeta_2 & (6.89)\\
&= -\sigma_{\phi_1}(k_{\phi_1}e_y) - \zeta_1 & (6.90)\\
&= -\sigma_{\phi_1}(k_{\phi_1}e_y) & (6.91)
\end{aligned}
$$

Si on utilise la fonction suivante

$$V_1 = \frac{1}{2}y_1^2 \qquad (6.92)$$

alors la dérivée est

$$
\begin{aligned}
\dot{V}_1 &= y_1\dot{y}_1 & (6.93)\\
&= -(k_{\phi_2}e_y + y_2)\sigma_{\phi_1}(k_{\phi_1}e_y) & (6.94)
\end{aligned}
$$

$$|e_y| \leq \frac{\phi_1}{k_{\phi_1}} \qquad (6.95)$$

Comme $\dot{e}_y$ est bornée, alors y_2 est aussi bornée. Si $|e_y| > \frac{b_{y_2}}{k_{\phi_2}}$, alors

$$sgn(k_{\phi_2}e_y + y_2) = sgn(e_y) \qquad (6.96)$$

et

$$|e_y| > \frac{\phi_1}{k_{\phi_1}} > \frac{b_{y_2}}{k_{\phi_2}}, \qquad (6.97)$$

Donc $\dot{V}_1 < 0$ et $\exists T_4 > T_3$ tel que $\forall t > T_4$

$$|e_y| \leq \frac{\phi_1}{k_{\phi_1}} \qquad (6.98)$$

et

$$u = -k_{\phi 4}\dot{e}_\phi - k_{\phi 3}e_\phi - k_{\phi 2}\dot{e}_y - k_{\phi 1}e_y \qquad \forall t > T4 \tag{6.99}$$

On propose

$$J_{yy}u = -\sigma_{\phi 4}(k_{\phi 4}\dot{e}_\phi) - \sigma_{\phi 3}(k_{\phi 3}e_\phi) - \sigma_{\phi 2}(k_{\phi 2}\dot{e}_y) - \sigma_{\phi 1}(k_{\phi 1}e_y) \tag{6.100}$$

par conséquent, $\forall t > T_4$, le système en boucle fermé (6.99) nous donne

$$\dot{\bar{e}}_y = \mathbf{A}e_y + \mathbf{B}U \tag{6.101}$$

avec $e_y = [e_y \dot{e}_y e_\phi \dot{e}_\phi]^T$ en écriture matricielle :

$$\dot{\bar{e}}_y = \begin{bmatrix} 0 & 1 & 0 & 0 \\ 0 & 0 & 1 & 0 \\ 0 & 0 & 0 & 1 \\ 0 & 1 & 0 & 0 \end{bmatrix} \begin{bmatrix} e_y \\ \dot{e}_y \\ e_\phi \\ \dot{e}_\phi \end{bmatrix} + \begin{bmatrix} 0 \\ 0 \\ 0 \\ 0 \end{bmatrix} \tag{6.102}$$

où

$$\dot{\bar{e}}_y = \bar{\mathbf{A}}e_y \tag{6.103}$$

Notons que si $\bar{\mathbf{A}}$ est Hurwitz, $e_y = 0$ est l'unique solution de $\dot{\bar{e}}_y$. Donc $e_y \to 0, \dot{e}_y \to 0, e_\phi \to 0, \dot{e}_\phi \to 0$ et on suppose que : $y \to y_d, \theta \to \theta_d$. $\qquad\square$

Où $e_\phi = \phi - \phi_d$; et $e_y = y - y_d$; avec ϕ_d, y_d des valeurs désirées constantes et $\sigma_{\phi_i}(\cdot)$ une fonction de saturation. Par conséquent, $\dot{e}_\phi, \dot{e}_y, e_\phi, e_y \to 0$. Cela implique que, $\phi \to \phi_d$ et $y \to y_d$. Si on choisit $\phi_d = 0$, il s'ensuit que $\exists T_b$ est assez grand tel que $\forall t > T_b \cos\phi \approx 0$, de plus la borne de l'angle θ est choisit de telle sorte que $\tan\theta \approx \theta$.

Pour la dynamique longitudinale, on propose $k_g e_x = x - x_d$ et la trajectoire $x_d(t) = b_0 + \phi_1 t + \phi_2 t^2$ définie comme la trajectoire souhaitée $k_g = gJ_{xx}$ et ϕ_i sont des valeurs constantes. Alors $k_g\dot{e}_x = \dot{x} - \dot{x}_d$, $k_g\ddot{e}_x = \theta - \ddot{x}_d$, $k_g e_x^{(3)} = \dot{\theta}$, et

$$e_x^{(4)} = \tilde{\tau}_\theta$$

D'autre part pour la dynamique latérale, le contrôle non-linéaire suivant est proposé

$$\begin{aligned} J_{xx}\tilde{\tau}\theta &= \sigma_{\theta_4}(k_{\theta_4}\dot{e}_x) + \sigma_{\theta_3}(k_{\theta_3}e_x) \\ &\quad -\sigma_{\theta_2}(k_{\theta_2}\dot{e}_\theta) - \sigma_{\theta_1}(k_{\theta_1}e_\theta) \end{aligned} \tag{6.104}$$

Les constantes k_{ϕ_i} et k_{θ_i} ont été choisies pour assurer la convergence vers zéro. Ceci implique que $e_x^{(4)}, e_x^{(3)}, \dot{e}_x, e_x \to 0$, et par conséquent $\phi \to \ddot{x}_d$, $\dot{x} \to \dot{x}_d$ que $x \to x_d$.

6.5 Conclusion

Les lois de commande proposées sont basées sur la technique des saturations séparées et prennent en compte la bornitude des entrées de commande. En utilisant l'analyse de Lyapunov, la propriété de convergence a été établie pour le modèle complet du véhicule (hélicoptère à huit rotors et quadrirotor), en prend en compte les termes non linéaires du couplage. Malgré la complexité de l'analyse de convergence, la loi de commande est simple et s'exécute de manière satisfaisante dans la pratique. Dans ce chapitre, nous avons également décrit les systèmes de commande qui ont été testés dans des expériences en temps réel. Nous rappelons également que pour la réalisation d'un engin volant autonome, la recherche de lois de commande simples est nécessaire, car elle constitue un impératif dans un système où la capacité de calcul embarqué est limitée.

CHAPITRE 7

Plateforme expérimentale et Résultats expérimentaux

Une des contributions de mon travail de thèse est la construction d'une plateforme expérimentale afin de tester les algorithmes de commande embarquée et les algorithmes de vision. D'une part, une plateforme du type quadrirotor a été construite, nous montrons les différentes étapes de construction et le material utilisé. D'autre part, nous montrons les résultats obtenus avec les différentes systèmes de vision et de commande embarqués sur notre plateforme expérimentale.

7.1   Conception mécanique du quadrirotor X4-τ

Un système embarqué est un système informatique qui est capable d'exécuter quelques tâches spécifiques en prenant en compte les restrictions du calcul en temps réel. En sachant que les systèmes embarqués exécutent différentes fonctions, nous pouvons optimiser et réduire la taille, en augmentant la fiabilité et la performance.

7.1.1   Objectifs de notre modèle expérimental

Le quadrirotor doit :

1. Être capable de porter l'électronique embarquée, les systèmes de vision et sa source d'alimentation.

2. Être stable de façon autonome en vol stationnaire lorsque le système de commande récupère l'information des capteurs embarqués sur l'aéronef.

3. Être stable en vol stationnaire, en ajustant l'altitude à partir des entrées réalisées par l'utilisateur.

4. Être stable en vol stationnaire, en ajustant la direction à partir des entrées réalisées par l'utilisateur sur le roulis, le lacet et le tangage.

5. Être capable d'effectuer des opérations simples à l'intérieur et à l'extérieur.

6. Posséder une commande autonome de position et de suivi de trajectoires.

7. Être capable de percevoir l'environnement à partir de systèmes de vision.

8. Être capable de communiquer, recevoir et exécuter des commandes

Les contraintes imposes par le quadrirotor et qui affectent sa performance sont :

1. Le poids. Le quadrirotor doit être capable de porter tous les composantes.

2. Le centre de gravité doit toujours rester dans la pièce centrale du quadrirotor.

3. La fréquence d'échantillonnage des capteurs doit être dans l'intervalle de temps requis.

7.1.2 Structure du quadrirotor X4-τ

Pendant la première étape de construction de la structure, on a choisi l'aluminium, un matériau qui possède les avantages d'être léger, solide et de dissiper la chaleur. Cependant pour les aéronefs de petites tailles, il peut développer des fissures causées par les vibrations. Le plastique absorbe de plus les vibrations que l'aluminium, est durable et est capable de retourner à sa forme originale. Ces deux matériaux facilement manipulables ne sont pas chères et peuvent être usinés facilement.

Matériel	Elasticité (GP_a)	Résistance (MP_a)	Densité (g/cm^3)
Nylon 6.6	2.61	82.8	1.14
Ultem	3.45	114	1.28
Delrin	2.55	52.4	1.42
Fibre de carbone	220	760	1.7
Stainless Steel 404	200	1790	7.8
Aluminum 7075	71	572	2.8

TABLE 7.1 – Propriétés des matériaux.

La première structure a été construite à partir de de fibres de carbone. Elle constitue les bras du quadrirotor, eux-mêmes connectés à une pièce centrale. Chaque tube a été placé de manière orthogonale. Pour obtenir une meilleure rigidité une autre structure similaire a été construite en dessous, de celle-ci (voir figure 7.1). Les tubes à fibres de carbone, ont été choisis grâce au poids léger, à la solidité et à l'absorption aux vibrations. Par contre, la fine épaisseur de ces bras a produit une grande instabilité en vol stationnaire et une conductivité électrique. Finalement, une structure composite à base de fibre de carbone et balsa a été utilisée (voir figure 7.2). Ces quatre bras conçus à partir des plaques de carbone ont été connectés à une pièce central rigide et à une base métallique. La simple structure sans les composantes, a une masse totale de 79 grammes.

FIGURE 7.1 – Notre première configuration.

FIGURE 7.2 – Structure composite à base de fibre de carbone.

7.1.3 Moteurs

Les moteurs utilisés sont des moteurs brushless de type X-BL-52 (HACKER Motors), achetés à la compagnie AscTec. Ces moteurs sont capables de commander les RPM (révolutions par minute) grâce aux sorties du microprocesseur permettant au quadrirotor de s'élever, de tourner de gauche à droite, et de se déplacer.

7.1.4 Contrôleurs des moteurs

Ces moteurs utilisent des contrôleurs de moteurs spécifiques, X-BLDC, (AscTec) fonctionnant à une fréquence de 1kHz. L'information du microprocesseur est envoyée à chaque moteur en utilisant le protocole I^2C. Pour envoyer l'information à chaque moteur a été construit un bus de données I^2C avec les caractéristiques suivantes :

- Il présente une ligne de données séries (SDA) et une ligne du signal d'horloge (SCL).

- Chaque contrôleur connecté au bus, dispose d'une adresse unique qui est assignée via software, une relation maître/esclave doit toujours exister.

- La communication série est bidirectionnelle, orientée à 8 bits, et transférée jusqu'à 100 kbit/second.

Ces contrôleurs sont conçus pour recevoir une interface I^2C et la convertir en ondes de la modulation de largueur d'impulsions MLI (en anglais PWM, Pulse Width Modulation), mode de réponse des moteurs.

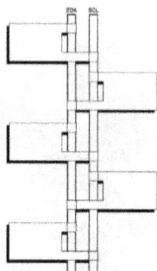

FIGURE 7.3 – Le bus I2C

Une fois que les moteurs et les contrôleurs ont été connectés, ensuite on doit assigner une adresse unique à chaque moteur, pour cela on a utilisée la configuration suivante :

- l'adresse numéro 0 appartient au moteur avant et il doit tourner dans le sens des aiguilles d'une montre.

- l'adresse numéro 1 appartient au moteur arrière et il doit tourner dans le sens des aiguilles d'une montre.

- l'adresse numéro 2 appartient au moteur gauche et il doit tourner dans le sens inverse des aiguilles d'une montre.

- l'adresse numéro 3 appartient au moteur droit et il doit tourner dans le sens inverse des aiguilles d'une montre.

Les contrôleurs ont ensuite été initialises et les 4 octets suivant ont pu être envoyés selon :

- byte[0] = moteur0

- byte[1] = moteur2

- byte[2] = moteur1

- byte[3] = moteur3

- byte[4] = byte[0]+byte[1]+byte[2]+byte[3]

L'algorithme suivant décrit la démarche du fonctionnement des contrôleurs.

$fonction - d'criture - des - valeurs(moteur[3])$;
$byte[0] \longleftarrow moteur[0]$;
$byte[1] \longleftarrow moteur[2]$;
$byte[2] \longleftarrow moteur[1]$;
$byte[3] \longleftarrow moteur[3]$;
$byte[4] \longleftarrow byte[0] + byte[1] + byte[2] + byte[3]$;
{ Initialise la transmission } ;
Envoyez au bus (byte[0]) ;
Envoyez au bus (byte[1]) ;
Envoyez au bus (byte[2]) ;
Envoyez au bus (byte[3]) ;
Envoyez au bus (byte[4]) ;
{Finalise la transmission } ;
while *Radio commande soit allumée* **do**
    $motor0 \longleftarrow radio_{lacet} + radio_{pousse} + radio_{tangage}$;
    $motor1 \longleftarrow -radio_{lacet} + radio_{pousse} + radio_{tangage}$;
    $motor2 \longleftarrow radio_{roulis} + radio_{pousse} + radio_{tangage}$;
    $motor3 \longleftarrow -radio_{roulis} + radio_{pousse} + radio_{tangage}$;
    $fonction - d'criture - des - valeurs(moteurs[3])$;
end

Algorithm 3: L'algorithme des contrôleurs des moteurs.

Si nous appliquons les données de la commande, qui ont été obtenues par le microprocesseur on obtient l'algorithme suivant :

L'algorithme pour le vol stationnaire en utilisant la commande et la radio-commande;
if *Le button de vol stationnaire est allumé* **then**
    while *Radio commande soit allumée* **do**
      $motor0 \longleftarrow commande_{lacet} + commande_{tangage} + radio_{lacet} + radio_{pouss} + radio_{tangage}$;
      $motor1 \longleftarrow -commande_{lacet} + commande_{tangage} - radio_{lacet} + radio_{pouss} + radio_{tangage}$;
      $motor2 \longleftarrow commande_{roulis} - commande_{tangage} + radio_{roulis} + radio_{pouss} + radio_{tangage}$;
      $motor3 \longleftarrow -commande_{roulis} - commande_{tangage} - radio_{roulis} + radio_{pouss} + radio_{tangage}$;
      ecrire-valeurs(moteurs[3]) ;
    end
end

Algorithm 4: L'algorithme de démarrage

7.1.5   Hélices

Les hélices à polypropylène de faible poids ont une grande flexibilité, en permettant de travailler en toute sécurité. Malgré cette mesure de sécurité d'autres précautions doivent être prises en compte pendant les expériences.

7.1.6   Radio commande

Le récepteur radio est placé dans la partie centrale du drone. Ce dernier permet de faire l'interface entre le pilote et la radio commande Futaba et permet de contrôler le quadrirotor. Le récepteur Futaba 6EX R617FS à 2.4 GHz de 9.8 gr. et de 4.8-6 Volts a été modifié afin d'obtenir des signaux désirés.

7.1.7   Batterie

La batterie est la source d'énergie du drone et des composants électroniques. Celle-ci, est constituée de 3 cellules (Lythium Polymer) en série. On a choisi cette batterie par sa puissance ($3 \times 3.7 = 11,1$ volts) et par sa légèreté (un poids de 170g).

7.1.8   Boussole analogique

Dans notre quadrirotor une boussole analogique CMPS03 a été embarquée, celui permet au quadrirotor de rester fixe sur un angle d'orientation désiré. Celui-ci, indique la direction du quadrirotor par rapport au champ magnétique terrestre. Le voltage nécessaire pour son fonctionnement est de 5 Volts. Elle est capable de travailler avec un signal PWM ou I^2C. Nous avons opté pour le signal I^2C, car cela nous a permis d'avoir un seul bus I^2C. Son adresse est ($0XC0$) avec un bit de lecture/écriture, ensuite le numéro de registre à lire, dans notre cas les registres 2 et 3, de 16 bits, qui vont de 0 à 3599, en d'autres termes de $0°$ à $359, 9°$.

7.1.9   Centrale inertielle

Dans une première temps, on a utilisé une centrale inertielle commerciale Microbotics MIDGC-IIC fournissant des résultats d'attitude et d'accélération à 50 Hz.

Afin d'obtenir des résultats plus rapides, on a utilisé une autre centrale inertielle conçue à l'Unité Mixte Internationale (UMI-CNRS). Celle-ci utilise les informations d'orientation, fournies par trois accéléromètres et trois gyromètres, un pour chaque axe et capable de donner une valeur de roulis ϕ, lacet ψ et tangage θ.

Les gyroscopes à lame vibrante mesurent la rotation du drone autour de chaque axe. Ils donnent une information sur l'angle, en particulier la vitesse de rotation autour des axes $(\dot{\phi}, \dot{\theta}, \dot{\psi})$ et la valeur de l'angle de rotation (ϕ, θ, ψ). La sortie du gyroscope est obtenue par :

$$V_{gyro} = k_{gyro}\Omega_{gyro} + \beta_{gyro} + \eta_{gyro} \tag{7.1}$$

où V_{gyro} est la valeur en Volts, k_{gyro} est le gain, Ω_{gyro} est la vitesse angulaire en radians par seconde, β_{gyro} est un terme de polarisation et η_{gyro} est un bruit blanc, de moyenne nulle. Le gain k_{gyro} est donné par les spécifications du capteur. Étant donné que les trois gyroscopes sont alignés le long de trois axes x, y et z, donc les mesures des vitesses angulaires du corps sont :

$$V_{gyro_x} = k_{gyro_x} p_x + \beta_{gyro_x} + \eta_{gyro_x} \tag{7.2}$$

$$V_{gyro_y} = k_{gyro_y} p_y + \beta_{gyro_y} + \eta_{gyro_y} \tag{7.3}$$

$$V_{gyro_z} = k_{gyro_z} p_z + \beta_{gyro_z} + \eta_{gyro_z} \tag{7.4}$$

Les accéléromètres à lame vibrante fournissent quant à eux une information sur la vitesse de rotation suivant un axe. En réalité, leur signal de sortie est une fréquence proportionnelle à l'accélération subie par la masse d'épreuve. Leur fonctionnement est identique. Une lame est en permanence excitée par vibrations à sa fréquence de résonance. Les contraintes axiales générées par une rotation ou un déplacement du drone, modifient cette fréquence d'oscillation ; cette donnée est recueillie à la sortie des capteurs inertiels basés sur la technologie MEMS (Micro Electro Mechanical System, ou micro-système électromécanique) et représentative du mouvement du quadrirotor.

De la même manière, nous savons que la sortie des accéléromètres est :

$$V_{acc} = k_{acc} A_{acc} + \beta_{acc} + \eta_{acc} \tag{7.5}$$

où V_{acc} s'exprime en Volts, k_{acc} est le gain et A_{acc} est l'accélération en mètres par seconde. À l'inverse des gyromètres, les sorties des accéléromètres sont indépendantes de l'angle.

Ces capteurs combinent des systèmes mécaniques (mesure de position ou angulaire) et électroniques (alimentation et recueil de l'information). Un transducteur électrostatique constitue l'interface entre la partie électronique et la partie mécanique : il traduit la variation de position (information physique) en une variation de tension (information électrique) et constitue le signal véhiculant les données. Ce signal est une tension, ou plutôt une variation de tension dont la valeur dépend de l'intensité et de l'amplitude du mouvement. Cette variation est en fait erronée ; il va falloir corriger au moyen d'une action sur les gouvernes qui sera établie par le processeur.

Les capteurs transforment en un signal électrique, une donnée physique mesurée qui correspond à une variation de position. Ce signal est une tension dont la valeur dépend de l'intensité du mouvement et qui est comprise entre 2,07Volts et 3,07Volts. Les amplificateurs opérationnels permettent d'adapter et d'affiner le signal entre les capteurs et le processeur.

Étant donné que les données de sortie des amplificateurs sont analogiques, la fréquence d'obtention de données est déterminée par le microprocesseur.

7.1.10 Microprocesseur

Le microprocesseur embarqué est un microprocesseur Rabbit 3000 à jeu d'instructions étendu, qui utilise le logiciel Dynamic C pour sa programmation. Une fois que le programme de la loi de commande a été codifié et compilé, un câble serial de programmation doit connecter l'ordinateur et le microprocesseur, afin de charger le programme dans le microprocesseur. Les spécifications du microprocesseur Rabbit sont :

- une fréquence de 29.4 MHz,

- une mémoire flash de 512 Ko,

- une mémoire vive aussi appélée RAM (de l'anglais Random Acces Memory), de 512 Ko,

- 8 entrées analogiques,

- 47 lignes parallèles d'entrée ou de sortie,

- 5 ports série,

- un temporisateur de 8 bits,

- 4 registres de modulation de largeur d'impulsions,

- 2 canaux de capture d'entrée,

- ce microprocesseur permet de réagir aux routines d'interruption par rapport aux priorités.

Ce microprocesseur a été préférentiellement choisi grâce à sa grande modularité, sa facilité de programmation, sa taille $3, 5 \times 2, 9$ cm, son arithmétique en virgule flottante, la capacité de sa mémoire interne et surtout la facilité d'accès à ses ports.

Dans le microprocesseur nous avons programmé la loi de commande qui stabilise le quadrirotor afin que ce dernier soit capable de recevoir les données ou signaux provenant des capteurs externes. Ces données permettent d'avoir des informations sur l'environnement et de stabiliser l'aéronef lors du vol stationnaire.

7.2 Commande visuelle d'un aéronef à huit rotors en utilisant la vision stéréoscopique

Dans cette section, nous présentons un système de vision stéréoscopique qui a pour but d'estimer la position du quadrirotor par rapport à une cible et de calculer le mouvement translationnel du quadrirotor en utilisant un algorithme de flux-optique[Bouguet 1999].

7.2.1 Système de vision stéréoscopique

Pour cette expérience, deux caméras web ont été placées sur une barre fine, placées à une distance de 19 cm. Ces caméras ont été positionnées sur la partie supérieure de l'aéronef et sont dirigées vers l'avant. Le système stéréoscopique est composé de deux caméras Logitech Pro5000 (webcam) de résolution 320×240 pixels. Dans un premier temps les paramètres intrinsèques ont été évalués par calibrage stéréoscopique, puis la matrice de transformation entre le repère caméra gauche et le repère caméra droite a été déterminé. Cette matrice a été obtenue en 3 étapes :
- on commence par calibrer chaque caméra par rapport à une mire unique, permettant d'obtenir les coefficients des matrices K_1 et K_2,

- relever des paramètres intrinsèques et extrinsèques de chaque caméra,

- construction des deux matrices A et A', grâce aux paramètres extrinsèques qui représentent respectivement la transformation du repère mire au repère de la caméra gauche et la transformation du repère mire au repère de la caméra droite.

L'objectif est d'estimer la matrice de rotation $\mathbf{R}$ et le vecteur de translation T. La mire utilisée possède 24 points, où chaque point $P \in R^3$, dont les coordonnées sont $P_g = \mathbf{R}_g P + \mathbf{T}_g$ dans la caméra gauche et $P_d = \mathbf{R}_d P + \mathbf{T}_d$, dans la caméra droite. Les deux vues du point P, pour chaque caméra nous donnent la relation $P_g = \mathbf{R}^T(P_g - \mathbf{T})$ où $\mathbf{R}$ est la matrice de rotation et $\mathbf{T}$ le vecteur de translation entre les deux caméras. On les définit comme étant les systèmes de coordonnées de la caméra gauche par rapport à la caméra droite. En raison de ces trois équations on a :

$$\mathbf{R} = \mathbf{R}_d(\mathbf{R}_g)^T \qquad (7.6)$$
$$\mathbf{T} = \mathbf{T}_d - \mathbf{R}\mathbf{T}_g \qquad (7.7)$$

on calcule ensuite $\mathbf{A_s} = A'A^{-1}$ en forme matricielle :

$$A_s = \begin{bmatrix} r_{11} & r_{12} & r_{13} & t_x \\ r_{21} & r_{22} & r_{23} & t_y \\ r_{31} & r_{32} & r_{33} & t_z \\ 0 & 0 & 0 & 1 \end{bmatrix} \qquad (7.8)$$

Le vecteur $\mathbf{T} = (t_x, t_y, t_z)^t$ est le vecteur de l'origine et le centre de projection gauche vers le centre de projection droit. Dans notre cas, $\mathbf{T} = (19, 0, 0)^t$, qui est la distance entre les deux centres focaux sur l'axe x. Pour estimer la position de l'aéronef, un point de référence a été choisi, celui-ci doit être vu par les deux caméras puis reconstruire ce point, c'est à dire trouver les coordonnées tri-dimensionnelles du point. En référence à la figure 4.10, T est la distance entre les centres de projections O_g de la caméra gauche et O_d de la caméra droite. Étant donné que les données d'estimation de la position doivent être fournies rapidement, le point observé par les deux caméras est le point central où les deux diagonales d'un carré se croisent. Ce point $\mathbf{X} = [x, y, z]^T$ dans le repère fixe, a un rayon optique associé au point image $\mathbf{x}'$. L'équation paramétrique de ce rayon est la suivante :

$$\mathbf{X} = \mathbf{o} + \lambda K^{-1} x', \qquad \lambda \in \mathbb{R}^+ \tag{7.9}$$

Le point $\mathbf{X}$ est projeté dans les deux plans images P_1 et P_2. Sachant que notre système stéréoscopique est calibré et que les matrices Π_1 et Π_2 sont connues, l'algorithme de rectification [Fusiello 2000], obtient deux nouvelles matrices de projection Π_{n1} et Π_{n2}, en tournant les matrices précédentes autour de ces centres optiques dans le but de que les plans focales soient coplanaires, en conséquent les centres de projection restent à la même distance. Cela assure que les épipôles se trouvent à l'infini, de manière que les lignes épipôlaires restent parallèles. Pour obtenir des lignes épipôlaires horizontales, la ligne entre les deux centres de projection doit être parallèle au nouvel axe x des deux caméras. Si les lignes épipôlaires sont parallèles, le point résultant dans l'image gauche possède la même coordonnée verticale que le point dans l'image droite. Les paramètres intrinsèques sont identiques pour les deux caméras, cependant les nouvelles matrices de projection se différent en leurs centres de projection. En effet, une caméra est déplacée le long de l'axe x de son référentiel. Soient les nouvelles matrices de projections :

$$\Pi_{n1} = \mathbf{K}[\mathbf{R} | - \mathbf{R}\mathbf{o_g}] \tag{7.10}$$

$$\Pi_{n2} = \mathbf{K}[\mathbf{R} | - \mathbf{R}\mathbf{o_d}] \tag{7.11}$$

Les centres de projection o_g et o_d, sont obtenus par (4.30), conformément à la méthode décrite où les principales fonctions à réaliser sont :

1. Le nouvel axe X est parallèle à la ligne est située entre les deux centres de projection et : $\mathbf{r}_1 = \frac{O_g - O_d}{\|O_g - O_d\|}$

2. Le nouvel axe Y est orthogonal à l'axe X et $\mathbf{k}$: $\mathbf{r}_2 = \mathbf{K} \wedge \mathbf{r}_1$

3. Le nouvel axe Z est orthogonal à XY et $\mathbf{r}_3 = \mathbf{r}_1 \wedge \mathbf{r}_2$

Avec $\mathbf{k}$ un vecteur unitaire fixant la position du nouvel axe Y qui est orthogonal à l'axe X. Dans notre cas, $\mathbf{r}_2 = \frac{1}{\sqrt{T_x^2 + T_y^2}}[-T_y, T_x, 0]$. La matrice de rotation rectifiée $\mathbf{R}_{rect}$, donnant la position de la caméra (7.11) est :

$$\mathbf{R}_{rec} = \begin{bmatrix} \mathbf{r}_1^T \\ \mathbf{r}_2^T \\ \mathbf{r}_3^T \end{bmatrix} \tag{7.12}$$

Pour rectifier l'image gauche, le calcul de la transformation entre le plan image Π_1 et le plan image Π_{n1} est nécessaire. Celle-ci est égale à $T_1 = \pi_{n1}\pi_1^{-1}$. La transformation pour l'image droite est faite de la même manière. Pour un point X en $3D$, nous pouvons écrire :

$$\bar{\mathbf{x}}'_1 = \Pi_1 \bar{\mathbf{X}} \tag{7.13}$$

$$\bar{\mathbf{x}}'_{n1} = \Pi_{n1} \bar{\mathbf{X}} \tag{7.14}$$

En utilisant l'équation (7.9), où la rectification ne déplace pas les centres de projection, nous avons :

$$\mathbf{x}' = O_g + \lambda_0 \pi_1^{-1} \bar{\mathbf{x}}'_1 \tag{7.15}$$

$$\mathbf{x}' = O_g + \lambda_n \pi_{n1}^{-1} \bar{\mathbf{x}}'_{n1} \tag{7.16}$$

Par conséquent

$$\bar{\mathbf{x}}'_{n1} = \lambda \pi_{n1} \pi_1^{-1} \mathbf{X} \tag{7.17}$$

où λ est un facteur d'échelle. La transformation T_1 s'applique à l'image gauche originale et permet d'obtenir l'image rectifiée. Étant donné que nous avons deux caméras calibrées, la reconstruction du point par triangulation a été utilisée. Soit $a\mathbf{p}_g(a \in \mathbb{R})$ le rayon l, qui passe par O_g et $\mathbf{p}_g$, et $\mathbf{T} + bR^T\mathbf{p}_d(b \in \mathbb{R})$, le rayon r passe par O_r et $\mathbf{p}_d$, par rapport au référentiel de gauche. Soit $\mathbf{w}$ un vecteur orthogonal à l et r. L'idée est de déterminer le point au milieu P', du segment de ligne qui joint l et r, en utilisant les points de terminaison du segment, où $a_0\mathbf{p}_g$ et $\mathbf{T} + b_0R^T\mathbf{p}_d$, peuvent être calculés par :

$$a\mathbf{p}_g - bR^T\mathbf{p}_d + c(\mathbf{p}_g \times R^T\mathbf{p}_d) = \mathbf{T} \tag{7.18}$$

avec a_0, b_0 et c_0.

Data: Une paire de points correspondants $\mathbf{p}_g$ et $\mathbf{p}_d$. Les paramètres extrinsèques du système stéréoscopique, $R = R_d R_g^T$, $\mathbf{T} = \mathbf{T}_g - R^T \mathbf{T}_d$.

Result: Le point $3D$ reconstruit.

{ Les vecteurs et les coordonnées sont pris par rapport au référentiel de la caméra gauche} Soit $a\mathbf{p}_g, a \in \mathbb{R}$, le rayon l, à travers de $o_g(a = 0)$ et $\mathbf{p}_g(a = 1)$.

Soit $\mathbf{T} + bR^T\mathbf{p}_d(b \in \mathbb{R})$, le rayon r qui passe par $O_r(b = 0)$ et $\mathbf{p}_d(b = 1)$.

Soit $\mathbf{w} = \mathbf{p}_g \times \mathbf{R}^T\mathbf{p}_d$, le vecteur orthogonal à l et r.

Soit $a\mathbf{p}_g + c\mathbf{w}, c \in \mathbb{R}$, la ligne w, passant par $a\mathbf{p}_g$ (pour un a fixe) et parallèle à $\mathbf{w}$.

begin

> Les points de terminaison du segment s, qui appartiennent à la ligne parallèle $\mathbf{w}$ et qui joignent l et r, on été déterminés en résolvant l'équation (7.18).
>
> Le point reconstruit est le point situé au milieu du segment s .

end

Algorithm 5: L'algorithme de triangulation

7.2.2   Flux-optique

La vitesse de déplacement de l'aéronef a été calculée en utilisant l'algorithme pyramidal de Lucas-Kanade [Bouguet 1999] [Lucas 1981]. Celui-ci, commence sa piste à partir du niveau le plus haut de la pyramide et travaille vers la base. L'idée initiale se fonde sur trois conditions :

1. Constance d'intensité : l'intensité d'un pixel ne change pas, en d'autres termes un pixel à suivre reste identique au cours du temps et $f(x,t) \equiv I(x(t),t) = I(x(t+dt),t+dt)$ ne change pas dans le temps $\frac{\partial f(x)}{\partial t} = 0$.

2. Persistance temporaire : le mouvement d'une image change lentement dans le temps. En considérant une dimension spatiale, la définition de l'intensité $f(x,t)$, lorsque l'on prend en compte la dépendance de x en t : $I(x(t),t)$ et en utilisant la règle de la chaîne, on a :

$$\underbrace{\frac{\partial I}{\partial x}\Big|_t}_{I_x} + \underbrace{\left(\frac{\partial x}{\partial t}\right)}_{v} + \underbrace{\frac{\partial I}{\partial t}\Big|_{x(t)}}_{I_t} = 0 \qquad (7.19)$$

où I_x est la dérivée spatiale au travers de la première image, I_t est la dérivée par rapports au temps parmi les images et v est la vitesse. L'équation de la vitesse du flux-optique sur le cas unidimensionnel s'écrit :

$$\mathbf{v} = \frac{I_t}{I_x} \qquad (7.20)$$

3. Cohérence spatiale : dans une scène les points voisins ont un mouvement similaire.

En généralisant la deuxième condition pour des images en deux dimensions, nous avons les cordonnées x, y, avec leurs composantes de vitesse u, v respectives :

$$I_x u + I_y v + I_t = 0 \qquad (7.21)$$

Cependant, dans cette équation il y a deux inconnues pour un pixel. Nous pouvons la résoudre pour le composant de mouvement qui est perpendiculaire à la ligne décrite par l'équation de flux-optique. Le vecteur normal du flux-optique, issu du problème d'ouverture survient quand une ouverture même minime existe pour mesurer le mouvement.

La troisième condition permet de résoudre le mouvement complet en utilisant un pixel. Par exemple, si un raccord de pixels se déplace de façon cohérente, on peut estimer le déplacement du pixel central en utilisant les pixels voisins, à partir d'un système d'équations. Dans notre cas, nous avons une fenêtre de taille 5×5

dont les valeurs d'intensité autour du pixel sont courantes dont nous estimons le déplacement. Ainsi, nous obtenons 25 équations de la façon suivante :

$$
\underbrace{\begin{bmatrix} I_x(p_1) & I_y(p_1) \\ I_x(p_2) & I_y(p_2) \\ \vdots & \vdots \\ I_x(p_{25}) & I_y(p_{25}) \end{bmatrix}}_{A(25\times 2)} \underbrace{\begin{bmatrix} u \\ v \end{bmatrix}}_{d(2\times 1)} = \underbrace{\begin{bmatrix} I_t(p_1) \\ I_t(p_2) \\ \vdots \\ I_t(p_{25}) \end{bmatrix}}_{b(2\times 1)} \tag{7.22}
$$

Le système (7.22) est sur-contraint qui prend en compte plus qu'un bord en la fenêtre de taille 5×5 pixels. La minimisation des moindres carrés par lequel $min\|ad - b\|^2$, est résolue de la manière suivante :

$$
\underbrace{(A^T A)}_{2\times 2} \underbrace{d}_{2\times 1} = \underbrace{A^T b}_{2\times 2} \tag{7.23}
$$

À partir de cette relation, nous avons les composantes du déplacement u et v :

$$
\underbrace{\begin{bmatrix} \sum I_x I_x & \sum I_x I_y \\ \sum I_x I_y & \sum I_y I_y \end{bmatrix}}_{A^T A} \begin{bmatrix} u \\ v \end{bmatrix} = \underbrace{\begin{bmatrix} \sum I_x I_t \\ \sum I_y I_t \end{bmatrix}}_{A^T b} \tag{7.24}
$$

la solution à cette équation est :

$$
\begin{bmatrix} u \\ v \end{bmatrix} = (A^T A)^{-1} A^T b \tag{7.25}
$$

Avec $(A^T A)$ inversible si le rang est égal à deux. Celle-ci a les meilleures propriétés lorsque la fenêtre de suivi est localisée au centre d'une région sur une image. Pour obtenir ces régions, le détecteur de bords de Harris [Harris 1988] a été utilisé. Pour éviter de grands déplacements non cohérents, la fonction de suivi commence sur des grandes échelles spatiales et traite une image selon un niveau de la pyramide. Ensuite, la vitesse initiale de déplacement est affinée et on se place à travailler à un niveau plus bas de la pyramide, jusqu'aux pixels bruts. Par conséquent, nous devons résoudre le flux-optique sur un niveau plus haut et utiliser cette estimation comme point de départ du niveau au-dessous. Ensuite, les mouvements sont minimisées. Les mouvements longs sont rapidement suivis. Cette fonction est le flux-optique pyramidal de Lucas-Kanade . En la librairie OpenCV la fonction qui réalise cette méthode est *cvCalcOpticalFlowPyrLK()* qui utilise les caractéristiques à suivre et nous donne les indications à suivre sur chaque point. Celle-ci est décrite de la façon suivante :

```
void cvCalcOpticalFlowPyrLK(
const CvArr* imgA,
const CvArr* imgB,
CvArr*  pyrA,
```

```
CvArr* pyrB,
CvPoint2D32f* featuresA,
CvPoint2D32f* featuresB,
int count,
CvSize winSize,
int level,
char* status,
float* track_error,
CvTermCriteria criteria,
int flags
);
```

Les deux premiers arguments correspondent aux images initiales et finales. Les deux autres arguments sont des mémoires tampon, désignées pour stocker les images pyramidales. *featuresA* contient les points par où se trouve le mouvement, *featuresB*, contient la nouvelle localisation des points à partir de featuresA. *count* est le nombre de points dans la liste featuresA. La taille de la fenêtre est donnée par *winSize* et l'argument *level* décrit la profondeur de la pile d'images. L'argument *criteria* est une structure d'OpenCV, qui se répète jusqu'à l'obtention d'une solution. *flags*, permet de contrôler les routines internes. L'idée est de fournir les images, puis de faire la liste des points à suivre, dans featuresA, pour pouvoir initier l'algorithme. Lorsque la routine donne une valeur, le tableau *status* doit être vérifié, pour examiner les points suivis avec succès. Ensuite, la vérification de featuresB est nécessaire pour trouver les nouveaux emplacements de ces points. Le résultat de cette traitement se montre en la figure 7.4.

7.2.3   Résultats expérimentaux

Dans cette partie, les résultats des expériences en temps réel, qui valident la performance de l'aéronef en vol stationnaire sont présentés. Les gains de commande (6.14)-(6.25) ont été ajustés afin d'obtenir une réponse acceptable du système. Ceux-ci sont montrés dans le tableau (7.2). Les valeurs de saturation utilisées en attitude et sur la loi de commande horizontale sont indiquées dans le tableau (7.3). Ces paramètres ont été choisis afin de maintenir l'attitude proche de point désiré. La dynamique rotationnelle et translationnelle ont été supposées comme étant découplées, cependant en pratique cela n'arrive jamais en raison des structures de rotors non symétriques. Pour compenser les erreurs du modèle, nous avons donné des valeurs aux gains en utilisant la radiocommande, avant de commencer les expériences.

Pendant les expériences, le système de vision fixe une cible, celle-ci est un rectangle rouge de dimensions connues. D'abord, le traitement d'image a été fait, en chaque image prise par les deux caméras. Le traitement consiste en une segmentation de l'image selon l'algorithme de Canny [Canny 1986]. Ensuite, une recherche sur les points extérieurs a été appliquée et les angles sur chaque vertex du rectangle ont été vérifiés pour s'assurer que nous avons trois angles droits. Également les diagonales devant être de même longueur. Le point localisé où se croisent les diagonales est

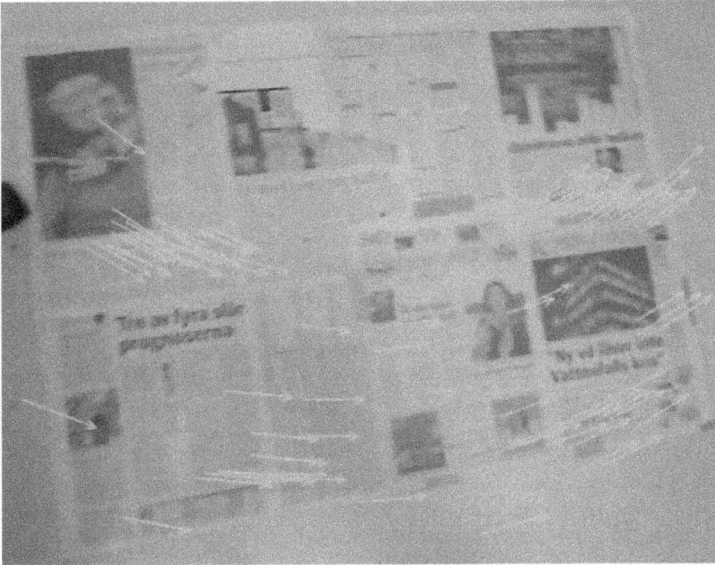

FIGURE 7.4 – Estimation du flux-optique.

	Paramètre	Valeur		Paramètre	Valeur
ψ	a_1	3.2	x	b_1	2.3
	a_2	1.5		b_2	1.2
θ	a_3	2.0	y	b_3	2.3
	a_4	0.3		b_4	1.2
ϕ	a_5	2.0	z	b_5	3.1
	a_6	0.3		b_6	1.8

TABLE 7.2 – Valeurs des paramètres du contrôleur.

Paramètre	Valeur
σ_a	150
σ_b	250

TABLE 7.3 – Valeurs des paramètres de saturation.

le point que nous utilisons, pour la reconstruction tri-dimensionnelle. La position initiale est issue du plan $x - y$, avec des valeurs $t_x^d = 0$ cm $t_y^d = 140$ cm et $t_z^d = 60$ cm Le temps écoulé entre deux images consécutives est d'environ 55 ms, c'est à dire avec un taux d'échantillonnage de 18 images par seconde.

Dans les expériences, l'aéronef a été stabilisé en vol stationnaire en utilisant la loi de commande proposée, les estimations de la centrale inertielle et du système de vision. La valeur désirée des angles d'orientation pour le vol stationnaire est égale à zéro. Les figures 7.5-7.7 montrent la stratégie de commande pour la stabilisation de l'orientation en accomplissant les angles assez proche de l'origine. Nous pouvons visualiser les variations des angles pendant l'expérience. Ces variations sont dues au capteur d'orientation interne de la centrale inertielle. La position linéaire estimée sur le plan $x - y$ obtenue pour le système stéréoscopique, est montrée dans les figures 7.8 et la vitesse translationnelle sur la figure 7.9. Pour des raisons de sécurité, l'altitude de l'aéronef est commandée en boucle fermée en utilisant la radiocommande. La figure 7.10, montre les signaux de commande appliqués aux moteurs avant et latéraux.

7.2.4   Description du système

La plateforme expérimentale à huit rotors possède deux microprocesseurs Rabbit RMC 3400 embarqués. Un microprocesseur exécute l'algorithme de commande d'attitude et d'altitude de l'aéronef, en utilisant l'information transmise par la centrale inertielle. L'autre microprocesseur calcule le niveau de sortie des MLI, qui contrôlent les rotors latéraux, en utilisant l'information fournie par le système stéréoscopique, c'est à dire le vecteur de translation $\mathbf{T} = [t_x, t_y, t_z]^T$ vu par les deux caméras. Cette information est reçue par le modem. Les algorithmes de commande et de communication ont été développés en Dynamic C.

Le système de vision stéréoscopique consiste en deux caméras web Logitech Pro5000, de résolution d'image de 320×240 pixels. Les images sont traitées par

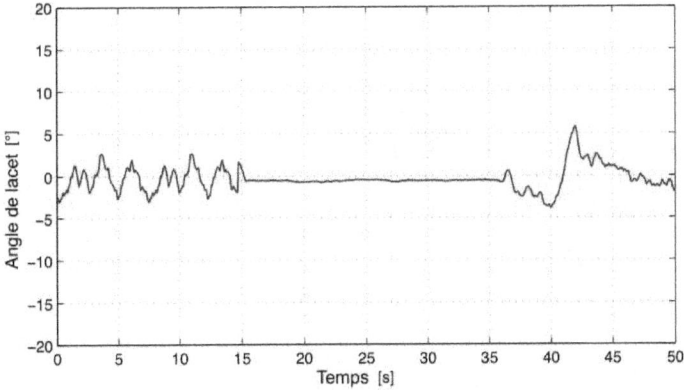

FIGURE 7.5 – Angle de lacet ψ de l'hélicoptère à huit-rotors en vol autonome avec une variation de ±6 degrés.

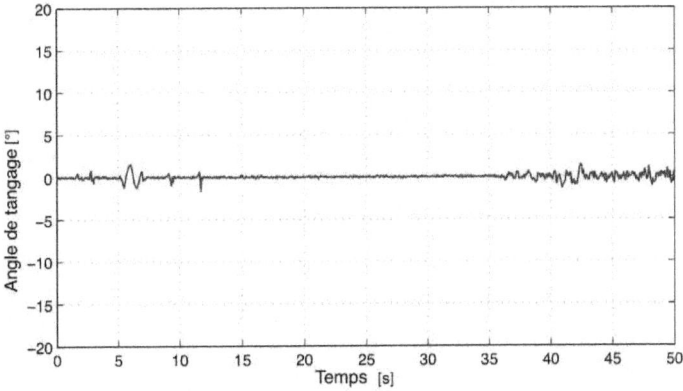

FIGURE 7.6 – Angle de tangage θ de l'hélicoptère à huit-rotors en vol autonome avec une variation de ± 3 degrés.

un ordinateur portable et les informations de position et déplacement sont envoyées par modem à l'aéronef. L'algorithme de vision a été développé en C++ en utilisant la librairie OpenCV, avec un taux d'échantillonage de 18*Hz*.

La centrale inertielle *Microbotics MIDG IIC* est composée de 3 gyromètres ±300°/*sec*, 3 accéléromètres ±6*g* et 3 magnétomètres. Celle-ci nous fournie le taux

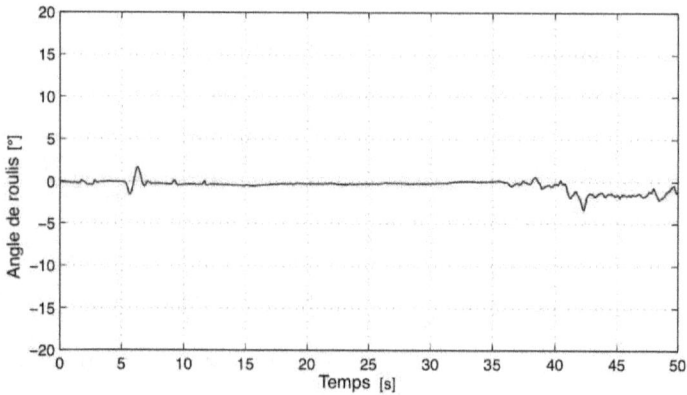

FIGURE 7.7 – Angle de roulis ϕ de l'hélicoptère à huit-rotors en vol autonome avec une variation de $\pm$ 3 degrés.

angulaire, l'accélération et la direction de champ magnétique de la terre, avec un taux d'échantillonnage supérieur à $50Hz$.

7.2.5   Conclusion

Dans cette expérience, un système de navigation basé sur un système de vision et une centrale inertielle ont été utilisée. La combinaison de stratégie nous donne différents avantages :

- un système avec une fréquence d'échantillonnage lent (système de vision) et rapide (capteurs inertiels),

- les calculs du système de vision sont consacrés à la commande de la dynamique translationnelle lorsque la centrale inertielle est consacrée à la dynamique rotationnelle.

Nous avons travaillé sur un modèle simplifié de l'aéronef avec six doubles intégrateurs indépendants stabilisés en utilisant la commande du modèle dynamique. Les expériences réalisées en temps réel, ont montré une performance acceptable en vol du véhicule à huit rotors en utilisant la loi de commande proposée. Cependant, le véhicule à huit rotors est lourd (2 kg) entrainant des problèmes de mise en altitude, d'instabilité en orientation et des difficultés de manipulation (taille encombrante : 100 cm $\times$ 100 cm $\times$ 30 cm). D'autre part, le fonctionnement de huit rotors entraine une consommation d'énergie importante et oblige le véhicule à être branché électriquement. Ces inconvénients non négligeables , nous ont amené à construire un véhicule aérien plus léger et maniable de type quadrirotor.

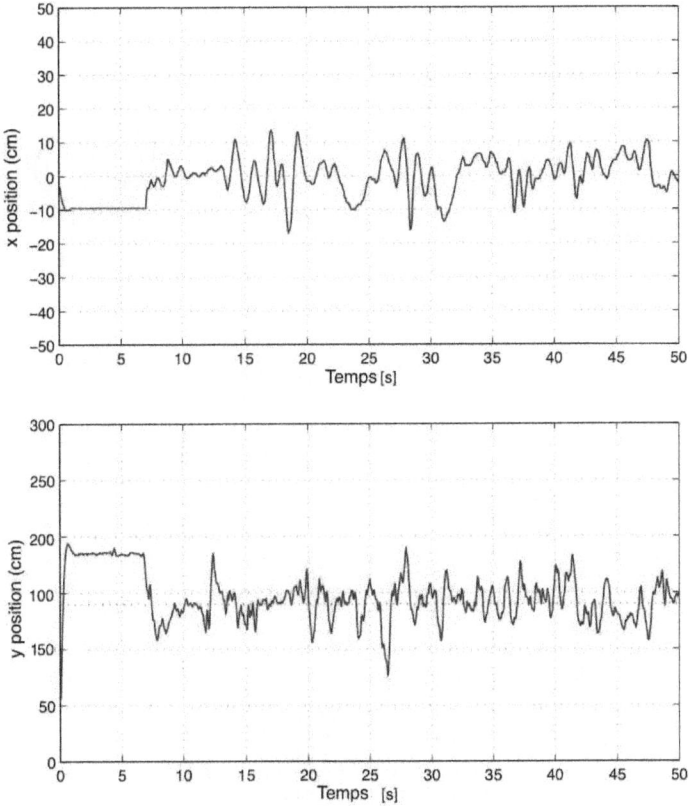

FIGURE 7.8 – Position de l'hélicoptère à huit-rotors en utilisant le système stéréoscopique pendant un vol autonome de 50 seconds.

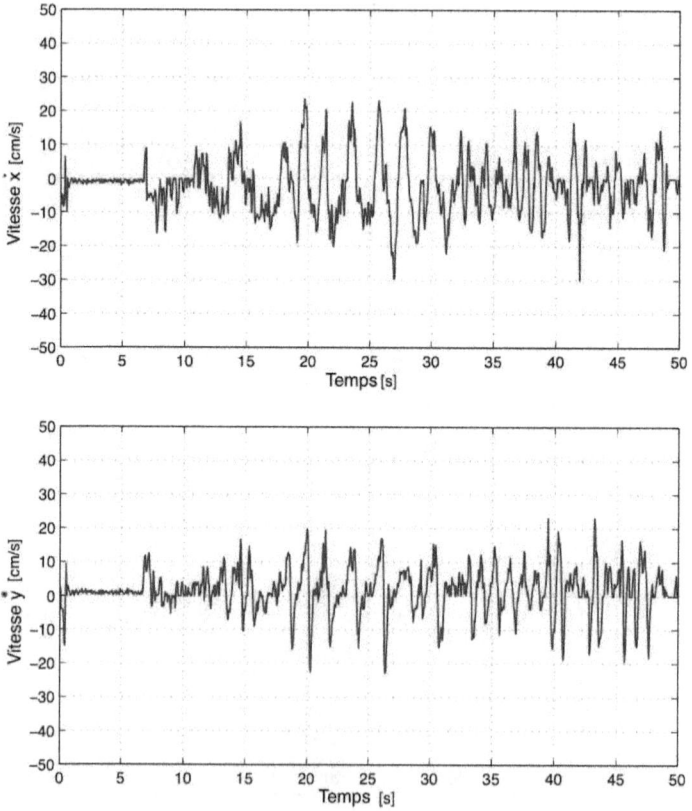

FIGURE 7.9 – Estimation de la vitesse de l'hélicoptère à huit rotors par le biais du flux-optique.

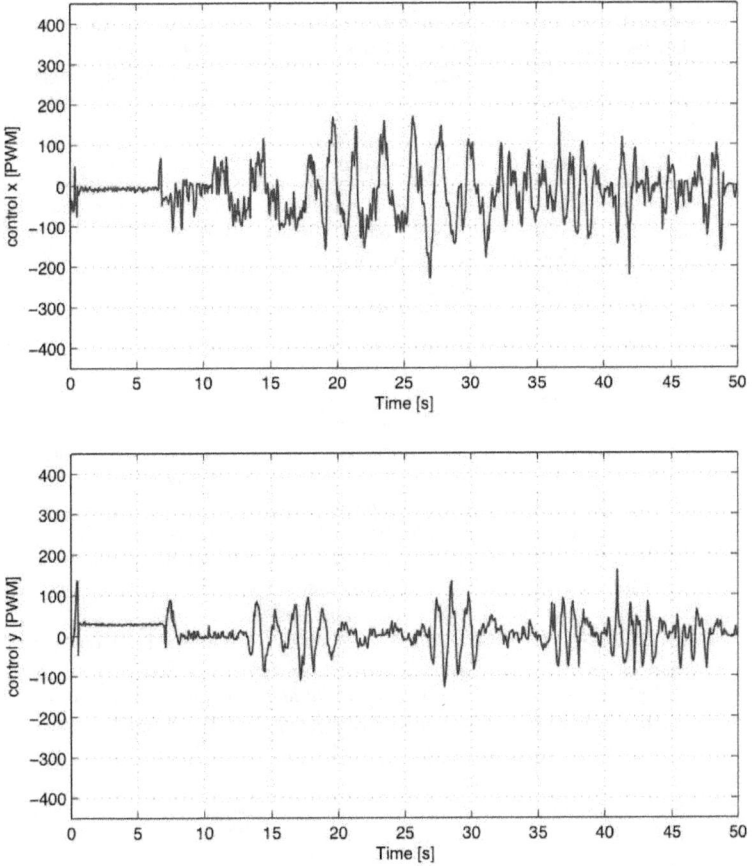

FIGURE 7.10 – Entrées de commande avec les contrôleur basé sur des fonctions de
saturations. En haut, entrée de commande des moteurs latéraux. En bas, entrée de
commande des moteurs longitudinaux.

7.3 Asservissement visuel d'un drone du type X4

Dans cette section, on décrit la stratégie de commande basée sur les saturations séparées d'un quadrirotor. La position du quadrirotor est obtenue en utilisant un algorithme de vision capable d'estimer la position et la vitesse de la caméra par rapport à un point de référence. Un système de commande embarquée est décrit. Les résultats analytiques sont soutenus par des tests expérimentaux dans le but de montrer que la loi de commande du système de commande embarqué est satisfaisant en vol stationnaire.

7.3.1 Estimation de la position

L'algorithme de vision permet d'obtenir la position de la caméra par rapport à une cible qui consiste en un carré rouge de dimensions connues. La couleur de l'objet est influencée par deux facteurs physiques :
– la distribution d'énergie spectrale,

– les propriétés de réflexion de la lumière.

En raison du fait que nous travaillons dans le modèle de couleur RVB (rouge, vert, bleu), nous sommes capables d'effacer les canaux vert et bleu, étant donné que notre cible est de couleur rouge, en procédant à une segmentation de l'image en régions similaires. L'algorithme Canny [Canny 1986] de détection de bords est appliqué sur l'image résultante. Cet algorithme localise les bords de la cible dans l'image et produit des fragments de bords fins, qui peuvent être contrôlés par un paramètre de lissage σ. D'abord l'image est lissée avec un filtre Gaussien de fonction étendue égale à σ, ensuite la magnitude du gradient et la direction sont calculées pour chaque pixel de l'image lissée. La direction du gradient utilise les bords fins en supprimant toutes les réponses du pixel inférieures à deux pixels voisins de chaque coté à travers de la direction du gradient. En d'autres termes, la suppression est non maximale. Dans notre cas, nous avons choisi une paire entourée de 8 pixels voisins (x, y). Les bords sont formés en appliquant un seuil d'hystérésis aux pixels, comprenant deux seuils, avec $g(x, y)$ la valeur du gradient d'un pixel de coordonnées (x, y).

Si $g(x, y) >$ **seuil supérieur** alors le pixel appartient aux pixels du bord.

Si **seuil inférieur** $< g(x, y) <$ **seuil supérieur** alors le pixel est accepté, si il est connecté à un pixel de gradient supérieur au seuil supérieur.

Si $g(x, y) <$ **seuil inférieur** alors le pixel est rejeté.

on considère deux fonctions discrètes $I_1, I_2 \in R^{m_x \times n_y}$, représentant deux images au niveau de gris à deux instants du temps. Soit G_{p_i} la valeur du niveau de gris du pixel $p = (x_i, y_i)^T$, donc, les valeurs du niveau de gris de p_i, sur deux images consécutives se définissent de la façon suivante :

$$G_{p_1} = I_1(x_1, y_1) \qquad G_{p_2} = I_2(x_2, y_2)$$

où x_i et y_i sont les cordonnées pixels du point. Étant donné que le point image $p_1 \in I_1$, le but est de trouver un autre point image $p_2 \in I_2$ tel que $G_{p_1} \approx G_{p_2}$. Cependant, la relation entre les pixels similaires p_1 et p_2 s'obtient par :

$$p_2 = p_1 + r = [\; x_1 + r_x \qquad y_1 + r_y \;]^T$$

où $r = [\; r_x \quad r_y \;]^T$ définit le déplacement de l'image, en minimisant la fonction résiduelle

$$\varepsilon(r) = \sum_{x_p = x_{p_1} - w_x}^{x_{p_1} + w_x} \sum_{y_p = y_{p_2} - w_y}^{y_{p_2} + w_y} (I_1(p_1) - I_2(p_1 + r))^2$$

où w_x et w_y définissent la taille de la fenêtre d'intégration. L'algorithme de flux-optique possède une fenêtre d'intégration et d'adaptation. L'image de sortie de l'algorithme Canny est traitée pour obtenir les séquences des points qui forment les bords. Ces points sont enregistrés dans un tableau de points. Soient $v_1, v_1, v_2, \ldots v_n$ n points (sommets) de l'image, enregistrés sur le tableau. En appliquant un ordre cyclique, où v_1 est après v_n, on sait que $(n-1) + 1 \equiv n = 0 \pmod{n}$ et soient $e_1 = v_1 v_2, e_2 = v_2 v_3 \ldots e_i = v_i v_{i+1} \ldots e_n = v_n v_1$ les segments (bords) qui connectent les points, se lient à un polygone, si :

1. $e_i \cap e_{i+1} = v_{i+1}, \forall i = 0 \ldots n,$

2. $e_i \cap e_j = , \forall j \neq i + 1$

Étant donné que nous avons tous les points enregistrés dans un tableau, nous devons chercher les 4 points qui forment les sommets du polygone, en utilisant un algorithme d'optimisation. Grâce aux propriétés de triangulation, un polygone de 4 sommets a une diagonale qui forme deux triangles. De même, la somme des triangles internes d'un polygone de 4 sommets est égale à $2\pi = 180°$. L'aire d'un polygone dont ses sommets $v_1, v_2, \ldots, v_n$ est égale à $A(P) = A(v_0, v_1, v_2) + A(v_0, v_2, v_3) + \ldots + A(v_0, v_{n-2}, v_{n-1})$. À partir de l'algèbre linéaire on sait que le produit vectoriel de deux vecteurs détermine l'aire d'un parallélogramme. Soient A et B deux vecteurs alors $|A \times B|$ est l'aire du parallélogramme de côtés A et B. (Voir figure 7.11).

Le produit vectoriel s'obtient du déterminant

$$\begin{bmatrix} \hat{i} & \hat{j} & \hat{k} \\ A_0 & A_1 & A_2 \\ B_0 & B_1 & B_2 \end{bmatrix} = \qquad\qquad (7.26)$$

où $\hat{i}, \hat{j}$, et $\hat{k}$ sont deux vecteurs unitaires dans les x, y, et z directions respectivement.

$$(A_1 B_2 - A_2 B_1)\hat{i} + (A_2 B_0 - A_0 B_2)\hat{j} + (A_0 B_1 - A_1 B_0)\hat{k}.$$

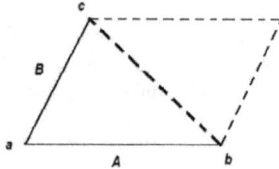

FIGURE 7.11 – L'aire du parallélogramme de côtés A et B

Soient $A_2 = B_2 = 0$, deux vecteurs bi-dimensionnels, on a :

$$A(T) = \frac{1}{2}(A_0 B_1 - A_1 B_0) \qquad (7.27)$$

En remplaçant $A = b - a$ et $B = c - a$ nous avons :

$$\begin{aligned} 2A(T) &= a_0 b_1 - a_1 b_0 + a_1 c_0 - a_0 c_1 + b_0 c_1 - c_0 b_1 \\ &= (b_0 - a_0)(c_1 - a_1) - (c_0 - a0)(b_1 - a_1) \end{aligned} \qquad (7.28)$$

qui représente l'aire d'un triangle en fonction de ses coordonnées. De la même façon, l'aire d'un quadrilatère convexe $Q = (a, b, c, d)$ peut s'écrire de deux façons
différentes résultant de deux triangulations différentes Fig. 7.12

$$A(Q) = A(a, b, c) + A(a, c, d) = A(d, a, b) + A(d, b, c) \qquad (7.29)$$

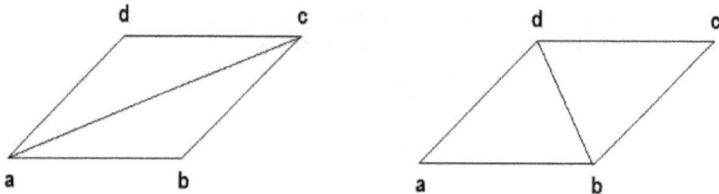

FIGURE 7.12 – Les deux triangulations différentes d'un parallelograme

En remplaçant (7.28) dans (7.29) pour les deux termes de la première triangulation, on obtient :

$$2A(Q) = \begin{aligned} &a_0b_1 - a_1b_0 + a_1c_0 - a_0c_1 + b_0c_1 - c_0b_1 \\ &+a_0c_1 - a_1c_0 + a_1d_0 - a_0d_1 + c_0d_1 - d_0c_1 \end{aligned} \tag{7.30}$$

On note que les termes $a_1c_0 - a_0c_1$ apparaissent en $A(a,b,c)$ et $A(a,c,d)$ avec des signes opposés, qui s'annulent. De manière générale, nous obtenons deux termes par chacune des bords du polygone, et aucun pour les diagonales internes. Donc si les coordonnées du sommet v_i sont (x_i, y_i), alors, l'aire d'un polygone convexe est :

$$2A(P) = \sum_{i=1}^{n-1}(x_iy_{i+1} - y_ix_{i+1}) \tag{7.31}$$

En raison des quatre lignes qui se croisent en quatre points, nous devons vérifier que les lignes forment un carré. Grâce à la triangulation des polygones, nous pouvons obtenir deux triangles similaires à partir d'un carré. Si on considère le triangle Δ de bords A, B et C, d'angle β entre les deux bords B et C, on a :

$$\beta = arccos\frac{|B|^2 + |C|^2 - |A|^2}{2 \cdot |B| \cdot |C|} \tag{7.32}$$

où $|A|, |B|$ et $|C|$, sont les longueurs des côtés A, B et C, de la figure 7.11. En utilisant cette formule sur chaque côté les valeurs des quatre angles du polygone sont obtenues. Si les bords sont perpendiculaires, on a un carré, dont la superficie est obtenue par l'équation (7.30). Grâce à cette équation et aux paramètres intrinsèques, les propriétés des triangles sont utilisées, afin d'obtenir la distance Z_W entre la caméra et la cible. De même, soient (x_{ci}, y_{ci}) les projections en $2D$ du point central où les deux diagonales intérieurs se croisent, on peut obtenir les coordonnées $3D, (X_W, Y_W, Z_W)$ associées à la projection en $2D$ du point central, en utilisant les équations suivantes :

$$X_W = x_{ci}\frac{Z_W}{f} \tag{7.33}$$

$$Y_W = y_{ci}\frac{Z_W}{f} \tag{7.34}$$

où f est la distance focale, X_W et Y_W, sont les directions parallèles au plan image, et Z_W est la profondeur de l'objet à travers l'axe optique.

7.3.2 Estimation de la vitesse

La méthode la plus utilisée pour estimer la vitesse translationnelle est celle du flux-optique. Étant donné que nous utilisons une combinaison de coordonnées du monde et du plan image pour estimer la position de la caméra embarquée sur l'aéronef, le flux-optique est une solution partielle au problème d'estimation de la vitesse. Donc, nous proposons d'utiliser une dérivée numérique pour estimer la vitesse du

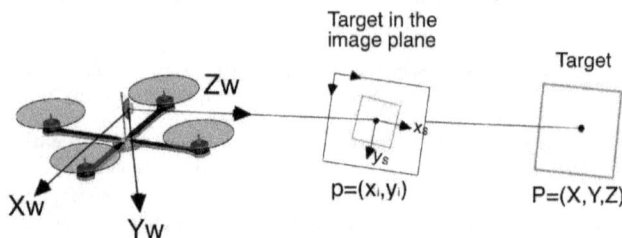

FIGURE 7.13 – Le modèle de la caméra.

déplacement $(\dot{x}, \dot{y})$ du quadrirotor, c'est à dire $\dot{Z}_W, \dot{X}_W$ dans le référentiel de la caméra.

La méthode pour obtenir l'estimation de vitesse, est la différence de position, divisée par la période de temps t_i, pendant laquelle le changement de position s'est achevé.

$$\dot{Z}_W = \frac{Z_{W_i} - Z_{W_{i-1}}}{t_a} \qquad \dot{X}_W = \frac{X_{W_i} - X_{W_{i-1}}}{t_b} \qquad (7.35)$$

où t_a et t_b sont obtenus à partir de la fréquence de l'ordinateur exprimée en cycles par seconde.

Les résultats d'un point de vue théorique ont été programmés, puis embarqués dans un microcontrôleur Rabbit, à 29 Mhz. Les angles de roulis, lacet et tangage et la taux angulaire ont été obtenus par une centrale inertielle Microstrain MIDG IIC, embarquée sur le quadrirotor. L'information inertielle est envoyée au microcontrôleur, qui reçoit les entrées de la commande grâce au modem sans fil. Le microcontrôleur combine cette information afin de calculer la loi de commande et d'envoyer la commande aux moteurs à travers le port sériel I2C. Puis le contrôleur de chaque moteur commande la vitesse de chaque rotor.

Le traitement d'image de la caméra sans fil a été réalisé sur un ordinateur avec un processeur intel à $2,4\,GHz$. Les images ont été reçues par une carte VCE-PRO, pour les entrées de video NTSC. Le système de vision consiste en une caméra sans fil de fréquence de $2472\,MHz$ et une résolution d'image 320×240 pixels. L'algorithme de traitement d'image qui obtient la position et l'estimation de la vitesse a été développé en C++, en utilisant la librairie OpenCV, selon une fréquence d'échantillonnage de 18 images par seconde.

7.3.3   Résultats expérimentaux

Dans cette section, les résultats obtenus en vol stationnaire de l'aéronef sont présentés en utilisant les entrées de la commande en boucle fermée. La loi de commande prend les valeurs des variables de position angulaire et de son accélération

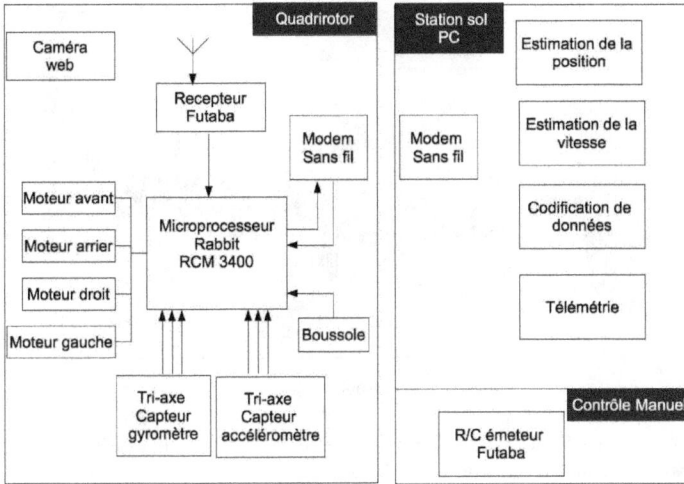

FIGURE 7.14 – Système de commande embarqué.

grâce à la centrale inertielle, tandis que les valeurs d'estimation de la position et de la vitesse de déplacement sont obtenues, par les algorithmes de traitement d'images de la caméra montée sur le quadrirotor. Pour explorer l'exécution des lois de commande, nous avons réalisé un vol autonome constitué d'une phase de décollage, d'un maintien stationnaire à une altitude désirée $Y_W^d = 140$ cm. La valeur désirée de Z_W^d est égale à 145 cm. En raison de l'équation (7.35), la valeur désirée de X_W^d est 145 cm. Les valeurs de la commande ont été ajustées de manière à que les paramètres donnent de bonnes performances lorsque le quadrirotor est en vol stationnaire. Les figures 7.15- 7.17 montrent les performances des systèmes latéraux et longitudinaux qui utilisent la stratégie de commande non-linéaire basé sur des saturations emboîtées, on observe que le quadrirotor reste proche de la position désirée 145 cm avec une erreur de ±5cm avant la fin de l'expérience. Également, on observe que le quadrirotor reste proche de la position désirée 145 cm, avec une erreur de ±15 cm avant la fin de l'expérience. La vitesse sur les axes x et y de l'aéronef, est montrée sur les images 7.18 et 7.19, respectivement. A l'instant initial, l'altitude est réglée de telle manière que le quadrirotor (encore au sol) se sustente tout juste. Puis le pilote de vol autonome est mis en marche proche de la position désirée.

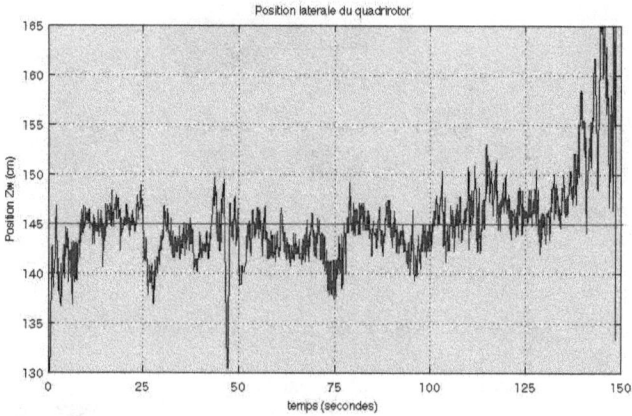

FIGURE 7.15 – Position latérale du quadrirotor obtenue par la caméra embarquée en vol autonome au cours du temps (en secondes).

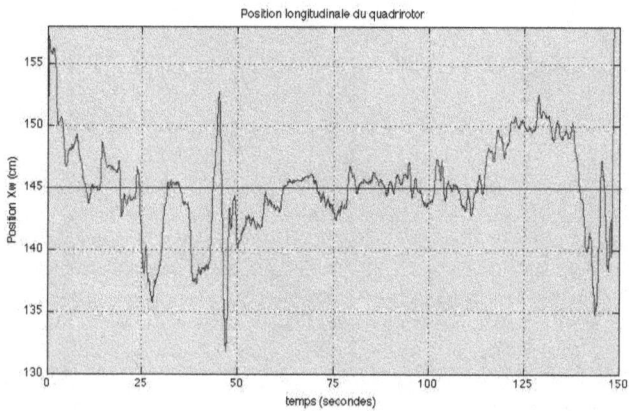

FIGURE 7.16 – Position longitudinale du quadrirotor obtenue par la caméra en vol autonome au cours du temps (en secondes).

7.3.4   Conclusion

Un modèle non-linéaire du quadrirotor a été présenté en utilisant la formulation de Newton-Euler. La commande non-linéaire fondée sur les saturations séparées a été testée et a présenté des résultats satisfaisants. Les estimations de position et

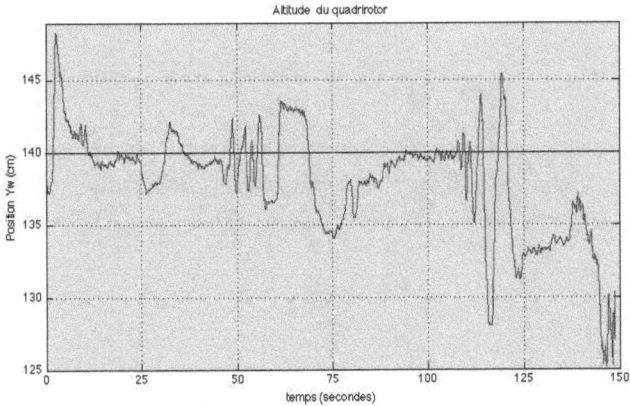

FIGURE 7.17 – Altitude du quadrirotor obtenue par la caméra embarquée en vol autonome au cours du temps (en secondes).

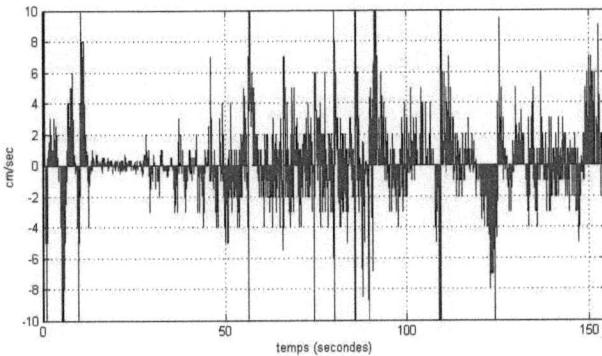

FIGURE 7.18 – Estimation de la vitesse de déplacement longitudinale (cm/sec) du quadrirotor en vol autonome au cours du temps (en secondes).

de vitesse ont été obtenues en utilisant une caméra sans fil. Les épreuves expérimentales confirment que la stratégie de commande proposée stabilise le quadrirotor. Cependant, la caméra sans fil n'est pas suffisamment performante, car le champs de vision est limité au centre de l'image ce qui réduit le recherche de la cible dans l'image prise par la caméra. Afin d'améliorer le problème lié à la caméra, nous avons embarquée une caméra web de meilleure résolution et ayant un champ visuel plus

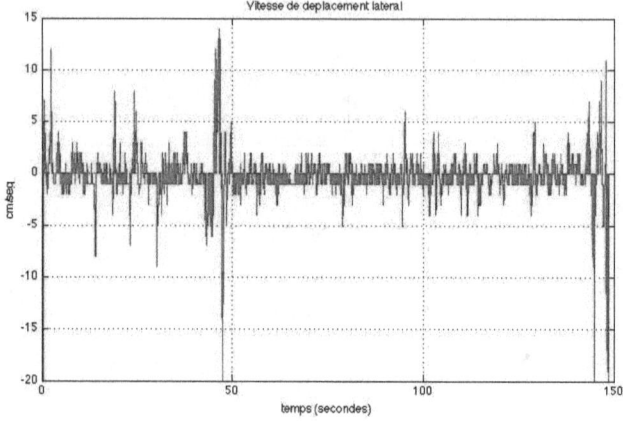

FIGURE 7.19 – Estimation de la vitesse de déplacement latérale (cm/sec) du quadrirotor en vol autonome au cours du temps (en secondes).

large. Avec cette nouvelle caméra, nous avons obtenu une meilleure performance du quadrirotor. En ce qui concerne l'estimation de la vitesse, celle-ci n'est pas assez rapide, ce qui empêche une estimation précise de la vitesse. C'est la raison pour laquelle, nous avons proposé par le suite, d'ajouter une deuxième caméra regardant vers le sol afin de mesurer la vitesse de translation. D'autres algorithmes pour la rectification de l'image ont également été suggérés. Et sont présentés dans la section suivante.

7.4 Asservissement visuel d'un drone du type X4 à deux caméras

Une autre expérience a été réalisée et à portée sur l'asservissement visuel d'un drone en utilisant deux caméras web montées sur le quadrirotor. La caméra qui regarde vers l'avant calcule la position 3D du véhicule aérien par rapport à une cible connue et placée devant le quadrirotor. Une deuxième caméra est placée en bas de véhicule aérien et regarde vers le sol. Cette dernière estime la vitesse translationnelle en utilisant l'algorithme de flux-optique pyramidal de Lucas-Kanade [Bouguet 1999]. En raison de la faible capacité de calcul du microprocesseur, les algorithmes de vision sont déportés sur une station sol. La distance entre la cible et l'aéronef a une précision de ±2 cm.

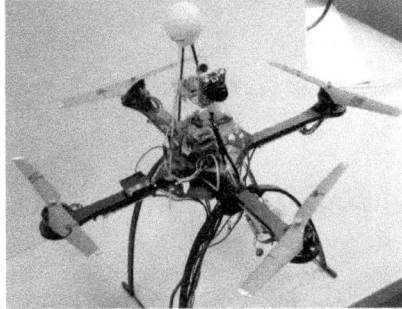

FIGURE 7.20 – Le quadrirotor et le système embarquée.

7.4.1 Asservissement visuel de la position

La cible consiste en un carré rouge de dimensions 28×28 cm L'algorithme proposé travaille dans l'espace Euclidien où la longueur et les angles ont du sens. Dans le but de trouver les contours de la cible dans l'image, nous utilisons l'algorithme de Canny qui produit fragments de contours fins, réglés par un paramètre de lissage σ.

7.4.2 Rectification de l'image

Dans le référentiel tri-dimensionnel les sommets de la cible sont P_1, P_2, P_3 et P_4. Le vecteur issu de l'origine du référentiel fixe au point P_i est $\mathbf{P}_i$. La distance euclidienne entre P_i et P_j est représentée par s_{ij}. Le vecteur $(\mathbf{P}_i - \mathbf{P}_j)$ est $\mathbf{P}_{ij}$ pour $i, j = 1..4, i \neq j$. La superficie (P_i, P_j, P_k) des triangles dans ce carré, est calculée de la façon suivante :

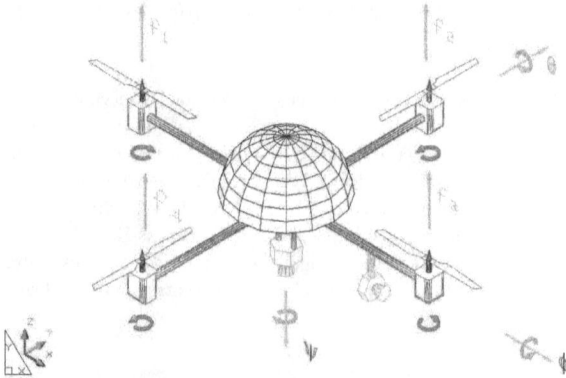

FIGURE 7.21 – Schèma du vehicle en vol stationnaire.

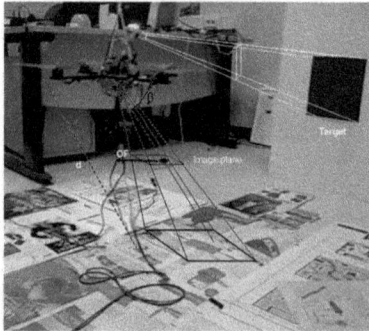

FIGURE 7.22 – Système de vision du quadrirotor.

$$A_1 = A(P_2, P_1, P_4) = |\mathbf{P}_{21} \times \mathbf{P}_{24}|\,/2 =$$
$$A(P_2, P_3, P_4) = |\mathbf{P}_{23} \times \mathbf{P}_{24}|\,/2.$$
$$A_2 = A(P_1, P_4, P_3) = |\mathbf{P}_{14} \times \mathbf{P}_{13}|\,/2 =$$
$$A(P_1, P_2, P_3) = |\mathbf{P}_{12} \times \mathbf{P}_{13}|\,/2.$$

Le vecteur qui lie C jusqu'à P_i, est $\bar{\mathbf{P}}_i^f$ et le vecteur colinéaire à $\bar{\mathbf{P}}_i^f = (x_i, y_i, f)^t$ est :

$$\mathbf{u}_i = (u_{ix}, u_{iy}, u_{iz})^t = \bar{\mathbf{p}}_i^f / \left\| \bar{\mathbf{p}}_i^f \right\| = (x_i, y_i, f)^t / F_i,$$

où $\bar{\mathbf{p}}_i^f$ est le vecteur depuis le centre de projection C jusqu'au point p_i dans le plan image et

$$F_i = \sqrt{x_i^2 + y_i^2 + f^2}$$

En utilisant les coordonnés des points images p_i, nous pouvons trouver l'aire du triangle dans le plan image en utilisant :

$$B_1 = x_2(y_4 - y_1) + y_2(x_1 - x_4) + y_1 x_4 - x_1 y_4$$
$$B_2 = x_2(y_3 - y_1) + y_2(x_1 - x_3) + y_1 x_3 - x_1 y_3$$

Les valeurs B_i sont égales à deux fois l'aire du triangle formé par trois points qui correspondent à l'indice des coordonnées. En supposant que l'axe optique du système de vision est normal au plan de la cible, on a :

$$\frac{r_{12}}{s_{12}} = \frac{r_{13}}{s_{13}} = \frac{r_{14}}{s_{14}} = \frac{r_{23}}{s_{23}} = \frac{r_{24}}{s_{24}} = \frac{r_{34}}{s_{34}} = \frac{f}{f - Z_W},$$
$$\frac{B_1}{A_1} = \frac{B_2}{A_2},$$
$$Z_1^c = Z_2^c = Z_3^c = Z_4^c = Z_W.$$

où le paramètre r_{ij} est la distance entre p_i et p_j. Nous supposons que le système de vision est normal au plan image. Dans le but d'enlever les distorsions affines et projectives, nous utilisons dans un premier temps une méthode permettant d'enlever la distorsion projective, puis une autre méthode enlève les distorsions affines. Les méthodes utilisées s'expliquent dans les sous-sections suivantes.

7.4.3 Suppression de la déformation projective

Afin de récupérer les propriétés affines des images, nous utilisons la matrice de transformation $\mathbf{H}_1$ qui renvoie la ligne de fuite dans la ligne à l'infini $\mathbf{l}^\infty$, en prenant en compte la localisation des quatre sommets de la cible. Pour ce faire nous avons utilisé deux paires de lignes parallèles, dans notre cas une ligne horizontale $\mathbf{l}^{(1)}$ formée par les points p_1, p_2 et une autre ligne $\mathbf{l}^{(2)}$ parallèle à celle-ci est formée par les points p_3, p_4 ; une ligne verticale $\mathbf{m}^{(1)}$ passant pour les points p_1, p_3 qui est parallèle à la ligne $\mathbf{m}^{(2)}$ passant pour les points p_2, p_4. Sur une image en perspective déformée, ces lignes parallèles, $\mathbf{l}^{(1)} \parallel \mathbf{l}^{(2)}$ et $\mathbf{m}^{(1)} \parallel \mathbf{m}^{(2)}$ se croisent aux points $\mathbf{p}^{(1)}$ et $\mathbf{p}^{(2)}$. La ligne qui connecte $\mathbf{p}^{(1)}$ et $\mathbf{p}^{(2)}$ est la ligne de fuite $\mathbf{l} = (l_1, l_2, l_3)^T$, en coordonnées homogènes :

$$\mathbf{p}^{(1)} = \mathbf{l}^{(1)} \times \mathbf{l}^{(2)}$$
$$\mathbf{p}^{(2)} = \mathbf{m}^{(1)} \times \mathbf{m}^{(2)}$$
$$\mathbf{l} = \mathbf{p}^{(1)} \times \mathbf{p}^{(2)}$$

Par conséquent, en utilisant la matrice de transformation $\mathbf{H}_1$ où :

$$\mathbf{H}_1 = \begin{pmatrix} 1 & 0 & 0 \\ 0 & 1 & 0 \\ l_1 & l_2 & l_3 \end{pmatrix}$$

la ligne de fuite forme une application dans la ligne à l'infini $\mathbf{l}^\infty = (0, 0, 1)^T$. Cela se confirme par :

$$\mathbf{H}_1^{-T} = \begin{pmatrix} 1 & 0 & -l_1/l_3 \\ 0 & 1 & -l_2/l_3 \\ 0 & 0 & 1/l_3 \end{pmatrix}$$

Effectivement, $\mathbf{H}_1^{-T}\mathbf{1} = (0,0,1)^T$. Au terme de l'analyse, et en appliquant $\mathbf{H}_1$ aux images de la caméra, on obtient l'image rectifiée affine $\mathbf{X}_a = \mathbf{H}_1\mathbf{X}_c$.

7.4.4   Suppression de la déformation affine

Étant donne que nous avons obtenu l'image rectifiée $\mathbf{X}_a$, nous souhaitons résoudre la matrice de transformation affine suivante :

$$\mathbf{H}_2 = \begin{pmatrix} \mathbf{A} & \mathbf{t} \\ \mathbf{0} & 1 \end{pmatrix}$$

tel que $\mathbf{X}_a = \mathbf{H}_2\mathbf{X}_s$, où $\mathbf{X}_s$ est l'image d'entrée. Grâce à la cible, nous avons deux paires de lignes orthogonales, $\mathbf{l}\perp\mathbf{m}$ et soient $\mathbf{l}'$, $\mathbf{m}'$ des lignes transformées en utilisant $\mathbf{H}_2$ (en d'autres termes $\mathbf{l}' = H_2^{-T}\mathbf{l}$). Par l'orthogonalité, nous avons :

$$(l_1/l_3, l_2/l_3)(m_1/m_3, m_2/m_3)^T = 0$$

alors

$$l_1 m_1 + l_2 m_2 = \mathbf{l}^T \mathbf{C}_\infty^* \mathbf{m} = 0$$

où $\mathbf{C}_\infty^*$ est la conique dégénérée. À partir de $\mathbf{C}_\infty^{*\prime} = \mathbf{H}_2\mathbf{C}_\infty^*\mathbf{H}_2^T$ on a,

$$\mathbf{l}^T\mathbf{C}_\infty^*\mathbf{m} = \mathbf{l}'^T\mathbf{H}_2\mathbf{H}_2^{-1}\mathbf{C}_\infty'^* \mathbf{H}_2^{-T}\mathbf{H}_2^T\mathbf{m}' = \mathbf{l}'^T\mathbf{C}_\infty'^*\mathbf{m}' = 0$$

Cependant,

$$\begin{aligned}
\mathbf{l}'^T\mathbf{C}_\infty'^*\mathbf{m}' &= \mathbf{l}'^T\mathbf{H}_2\mathbf{C}_\infty^*\mathbf{H}_2^T\mathbf{m} \\
&= \mathbf{l}'^T \begin{pmatrix} \mathbf{A} & \mathbf{t} \\ \mathbf{0} & 1 \end{pmatrix} \begin{pmatrix} I & 0 \\ 0 & 0 \end{pmatrix} \begin{pmatrix} \mathbf{A}^T & 0 \\ \mathbf{t}^T & 1 \end{pmatrix}\mathbf{m}' \\
&= \mathbf{l}'^T \begin{pmatrix} \mathbf{A}\mathbf{A}^T & 0 \\ 0 & 0 \end{pmatrix}\mathbf{m}'
\end{aligned}$$

Nous avons

$$(l'_1, l'_2)\mathbf{A}\mathbf{A}^T(m'_1, m'_2)^T = 0 \tag{7.36}$$

Afin d'obtenir $\mathbf{A}$, on utilise la formule $\mathbf{S} = \mathbf{A}\mathbf{A}^T$, où

$$\mathbf{S} = \begin{pmatrix} S_{11} & S_{12} \\ S_{12} & 1 \end{pmatrix} \tag{7.37}$$

où $\mathbf{S}$ est une matrice symétrique. En remplaçant (7.37) dans (7.36) nous obtenons :

$$\left(l'_1 m'_1, l'_1 m'_2 + l'_2 m'_1\right) \begin{pmatrix} s_{11} \\ s_{12} \end{pmatrix} = -l'_2 m'_2 \tag{7.38}$$

À partir de l'équation (7.38) et afin de résoudre la matrice S qui contient deux paramètres inconnus, deux paires des lignes orthogonales $\mathbf{l}^{(1)}\perp\mathbf{m}^{(1)}$ et $\mathbf{l}^{(2)}\perp\mathbf{m}^{(2)}$ sont nécessaires.

La matrice symétrique $\mathbf{S}$ peut s'écrire $\mathbf{S} = \mathbf{U}\mathbf{D}\mathbf{U}^T$, où $\mathbf{U}^{-1} = \mathbf{U}^T$, et avec $\mathbf{A} = \mathbf{U}\sqrt{\mathbf{D}}\mathbf{U}^T$. En conclusion, $\mathbf{H}_2$ est obtenue et l'image restaurée est $\mathbf{X} = \mathbf{H}_2^{-1}X_a$.

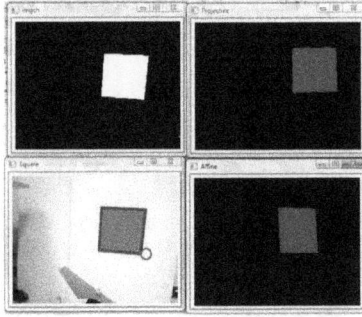

FIGURE 7.23 – Résultat de la suppression des distortions affines et projectives.

7.4.5 Localisation 3D

Afin d'estimer la position et la vitesse de déplacement du quadrirotor, nous proposons un système de vision constitué de deux caméras web placées sur le quadrirotor. De manière orthogonale. L'estimation de la position se réalise par l'image prise par la caméra frontale, d'abord l'image est traitée par une segmentation par couleur de l'image d'entrée au format (RVB). Notre cible consiste en un carré rouge de dimensions connues, 19 cm ×19 cm à partir du moment où notre cible est identifiée dans le plan image, nous commençons à récupérer les vertex obtenus en appliquant l'algorithme de Canny. Les bords obtenus par cet algorithme sont formés par un ensemble fini de n segments de lignes $e_1 = v_1v_2, e_2 = v_2v_3, ..., e_i = v_iv_{i+1}, ..., e_n = v_nv_0$ liés à n points images $v_0, v_1, v_2, ..., v_{n-1}$ où $v_i = (x_i, y_i)$. Dans cet ensemble de points, nous cherchons les vertex qui correspondent à notre cible. Ces quatre vertex sont ensuite utilisés par notre algorithme de rectification expliqué dans la section 7.4.1. L'image obtenue après avoir utilisé cet algorithme est une image rectifiée, cela signifie que ses quatre côtés ont la même longueur et ses quatre angles (7.32) ont la même mesure. De plus, nous pouvons calculer l'aire du carré (7.31) en connaissant les paramètres intrinsèques de la caméra (4.13). En utilisant les propriétés de triangles nous obtenons la distance Z_W, qui est la distance entre la caméra et la cible (voir figure 7.22). Pour estimer cette distance, on a :

$$f_x = fS_x \qquad (7.39)$$
$$f_y = \frac{fS_y}{sin\eta} \qquad (7.40)$$

où f est la distance focale, S_x est le facteur d'échelle horizontal (pixels/mm)et S_y est le facteur d'échelle vertical (pixels/mm), donc

$$S_x = \frac{f_x}{f} \tag{7.41}$$

$$S_y = \frac{f_y \sin \eta}{f} \tag{7.42}$$

Soient P_1, P_2, P_3 et P_4 les quatre sommets de la cible dans l'espace 3D en commençant par l'angle inférieur gauche et dans le sens des aiguilles d'une montre. Les coordonnées images de ces points sont $p_1 = (x_i, y_i)$, $p_2 = (x_{i+1}, y_i)$, $p_3 = (x_{i+1}, y_{i+1})$ et $p_4 = (x_i, y_{i+1})$. En tenant en compte de la hauteur de la cible $h = 19$ cm, nous arrivons à

$$Z_W = \frac{fh}{(y_i - y_{i+1})S_y} \tag{7.43}$$

À partir de la cible, nous pouvons obtenir le point central du carré, correspondant au point où se croisent les deux diagonales de notre carré. Celui-ci est égal à $p_c = (x_{ci}, y_{ci})$. Grâce aux propriétés projectives du modèle sténopé, nous savons que :

$$X_W = \frac{x_{ci} Z_W}{f} \tag{7.44}$$

$$Y_W = \frac{y_{ci} Z_W}{f} \tag{7.45}$$

Notre algorithme de position proposé obtient la position tri-dimensionnelle du quadrirotor,

$$\mathbf{p}_{CM}^n = \begin{bmatrix} x & y & z \end{bmatrix}^T = \begin{bmatrix} X_W & Z_W & Y_W \end{bmatrix}^T \tag{7.46}$$

La vitesse de déplacement translationnelle est estimée en utilisant les images provenant de la caméra placée en bas du quadrirotor qui regarde vers le sol. Les entrées de l'algorithme pyramidal de Lucas-Kanade sont deux images prises en temps différents. Cet algorithme donne comme sortie l'estimation de la vitesse, en prenant en compte le déplacement des pixels des point caractéristiques. Pour obtenir la vitesse $\dot{x}, \dot{y}$, nous proposons une méthode permettant d'obtenir la moyenne de déplacement de tous les points caractéristiques des images d'entrées.

7.4.6 Architecture embarquée

Les informations de la centrale inertielle et du système de vision sont envoyées au microcontrôleur Rabbit. Ces informations sont traitées par le microcontrôleur qui calcule les entrées de commande et envoie aux moteurs les corrections de la commande. Par conséquence, les contrôleurs de vitesse de chaque moteurs réagissent pour donner aux moteurs la commande souhaitée. La figure 7.24 est utilisé pour montrer un diagramme de blocs de cette architecture.

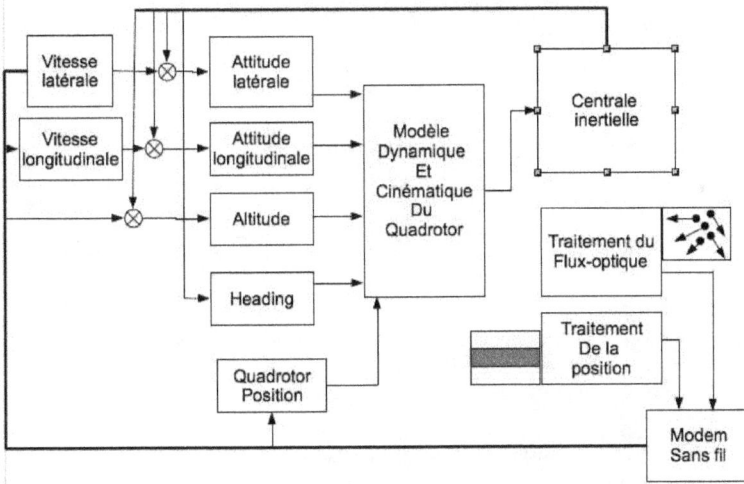

FIGURE 7.24 – Architecture embarquée.

7.4.7 Résultats expérimentaux

L'algorithme de vision a été exécuté sur un ordinateur portable ayant un micro-processeur Intel Core Duo à 2.10 GHz, la librairie OpenCV développée par Intel a été utilisée par le traitement d'images. Les résultats de notre système de vision sont obtenus à une fréquence de 15 images par seconde. Dans cette expérience, la valeur souhaitée est $y^d = Z_W^d = 130$ cm qui est la distance entre le quadrirotor et la cible. La référence latérale est $x^d = X_W^d = 120$ cm, c'est à dire, positionnée sur l'axe de roulis, l'altitude désirée est $z^d = Y_W^d = 130$ cm. Afin d'ajuster les paramètres de commande, plusieurs vols ont été effectués. Les figures 7.25-7.27 montrent les résultats des sous-systèmes longitudinaux et latéraux en utilisant la loi de commande de la section 6.3.1. Plusieurs perturbations ont été produites pour éprouver la validité de notre système :incertitudes provenant de la caméra et de l'environnement. Dans les figures 7.25-7.27 une ligne horizontale, représente les positions désirées du quadrirotor. Ces graphiques montrent aussi la façon de réagir du quadrirotor. La figure 7.25 révèle différentes perturbations causées manuellement pendant la période 30s-58s sur l'axe x du quadrirotor et la figure 7.26 montre différentes perturbations causées manuellement pendant la période 35s-60s sur l'axe y du quadrirotor. La figure 7.27 montre le résultat suite à des perturbations en altitude. La figure 7.28 pointe l'estimation de la vitesse sur l'axe x du quadrirotor et la figure 7.29 montre l'estimation de la vitesse sur l'axe y. Les entrées de commande sont représentés par les figures 7.30 et 7.31. A l'instant initial, l'altitude est réglée de telle manière que le quadrirotor (encore au sol) se sustente tout juste. Puis le pilote de vol autonome est mis en marche proche de la position désirée.

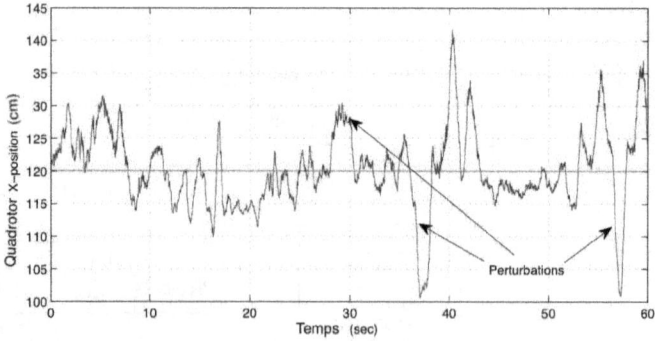

FIGURE 7.25 – Position sur l'axe X. Le quadrirotor est perturbé sur son axe x.

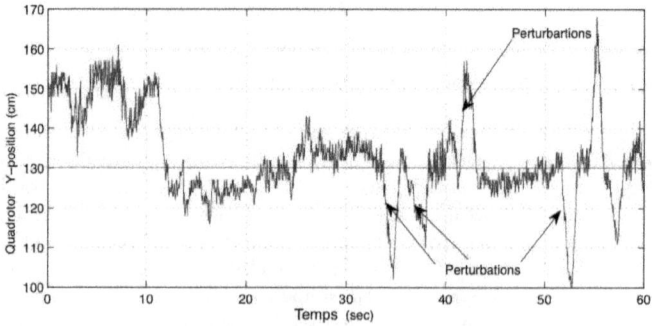

FIGURE 7.26 – Position Y du quadrirotor. Le quadrirotor est perturbé sur son axe y.

7.4.8   Conclusion

Cette expérience permet de montrer que la loi de commande non-linéaire travaille correctement malgré les perturbations en orientation et position. En ce qui concerne la vitesse de déplacement latérale et la vitesse de déplacement longitudinale, on observe qu'il n'existe plus de décalage entre la vitesse estimée et la vitesse réelle du quadrirotor. Ainsi, les vitesses sont plus exactes comparées à celles obtenues avec une seule caméra. Le système est donc robuste même en présence de

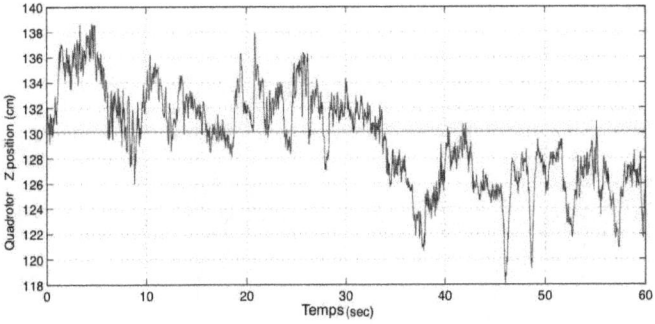

FIGURE 7.27 – Position Z du quadrirotor. Altitude du quadrirotor en présence de perturbations.

perturbations. L'utilisation de deux caméras ayant chacune une rôle unique défini (position ou vitesse) montre une meilleure performance malgré les perturbations externes appliquées et on observe que le quadrirotor est capable de revenir à la position désirée grâce au rejet du contrôleur.

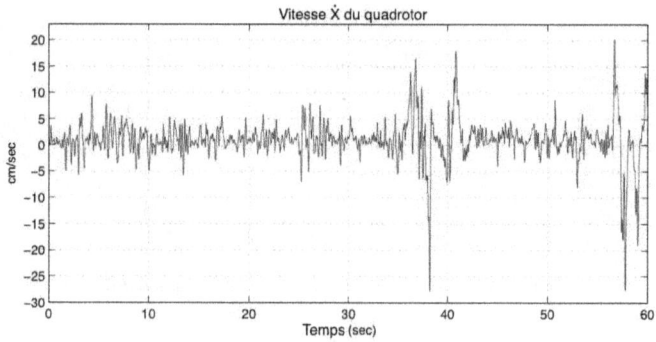

FIGURE 7.28 – Estimation de la vitesse de déplacement sur l'axe X (cm/seg).

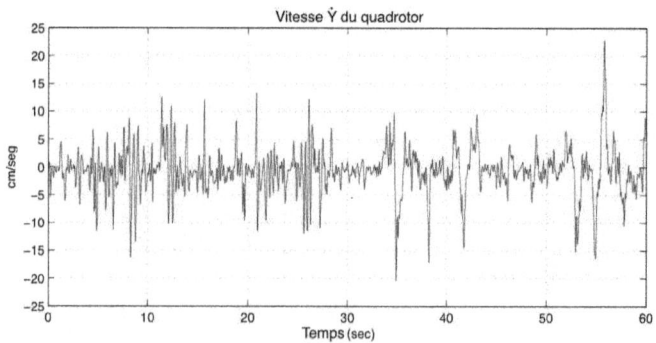

FIGURE 7.29 – Estimation de la vitesse de déplacement sur l'axe Y (cm/seg).

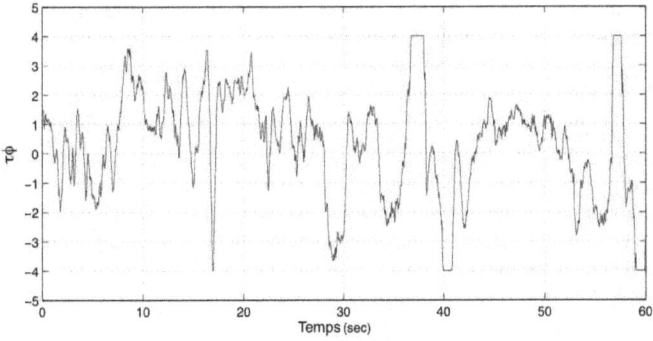

FIGURE 7.30 – Contrôle lateral τ_ϕ en présence de perturbations.

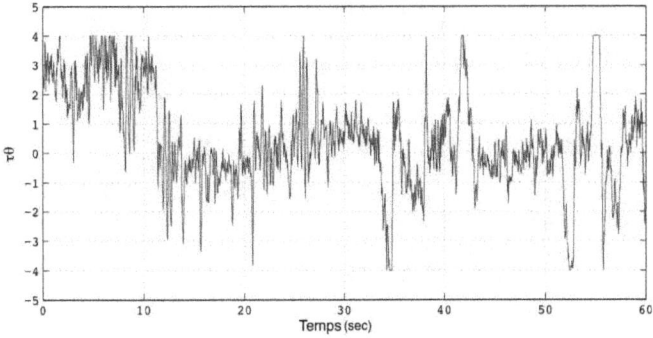

FIGURE 7.31 – Contrôle longitudinal τ_θ en présence de perturbations.

7.5 Suivi d'une ligne par un drone

L'algorithme de vision utilisé estime la position 3D de la caméra en utilisant les points de fuites de l'image. Afin de valider les résultats théoriques, un système de commande embarqué a été développé. Les résultats des expériences montrent la performance de la méthode d'asservissement visuel.

7.5.1 Détection des points de fuite

Quelques objets dans l'espace 3D peuvent être représentés en termes de parallélisme, d'orthogonalité et de coplanarité. En utilisant ces caractéristiques, nous pouvons obtenir des points de fuite sur le plan image qui correspondent à trois directions orthogonales dans l'espace. Ces points permettent ainsi d'obtenir les paramètres intrinsèques et extrinsèques de la caméra et par conséquence sa position par rapport à l'objet.

Afin d'utiliser cette technique, on considère que :

1. La cible est localisée devant la caméra.

2. La cible est un rectangle (A, B, C, D).

3. Sur le plan image, le rectangle est un polygone (a, b, c, d) voir figure 7.32.

Les coordonnées des sommets dans le plan image (a, b, c, d) sont connues, donc on peut définir :

 – $\vec{l}^{\,1}$, comme la ligne qui passe par (b, c),

 – $\vec{l}^{\,2}$, comme la ligne qui passe par (a, d),

 – $\vec{m}^{1}$, comme la ligne formée par (a, b) et

 – $\vec{m}^{2}$, comme la ligne formée par (c, d).

Soit V_x le point de fuite où se croisent les lignes $\vec{l}^{\,1}$ et $\vec{l}^{\,2}$ ainsi, V_y est le point de fuite qui se trouve au croisement des lignes, $\vec{m}^{1}$ et $\vec{m}^{2}$, voir figure 7.32.

Comme les paramètres internes de calibrage sont connus, nous pouvons calculer les paramètres de calibrage externes, grâce aux deux points de fuite, correspondant à deux axes du référentiel de la caméra. Le troisième axe correspond au produit vectoriel des axes. Mathématiquement, on a :

$$V_x = \vec{l}^{\,1} \times \vec{l}^{\,2}$$
$$V_y = \vec{m}^{1} \times \vec{m}^{2}$$

où $V_x = \frac{[V_{xx}, V_{xy}, f]^T}{\sqrt{V_{xx}^2 + V_{xy}^2 + f^2}}$, $V_y = \frac{[V_{yx}, V_{yy}, f]^T}{\sqrt{V_{yx}^2 + V_{yy}^2 + f^2}}$ et f est la distance focale de la caméra. En sachant que V_x et V_y sont orthogonales, on a par conséquent que le point de fuite

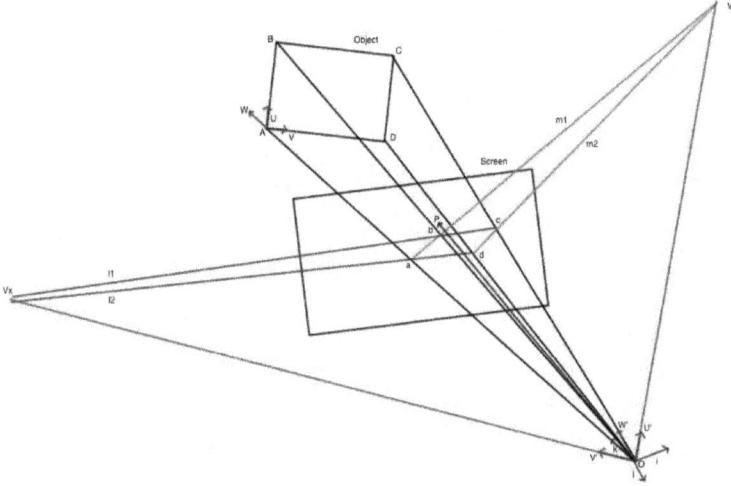

FIGURE 7.32 – Points de fuite sur une polygone.

V_z sur l'axe z est égal à :

$$V_z = V_x \times V_y \qquad (7.47)$$

D'autre part, la matrice de rotation décrivant le mouvement rigide entre le monde et la caméra est :

$$\mathbf{R} = \begin{bmatrix} V_x & V_y & V_z \end{bmatrix} \qquad (7.48)$$

Afin d'obtenir les coordonnées (a, b, c, d) puis les points de fuite, chaque image de la caméra frontale est traitée par une segmentation de la couleur pour effacer l'image floue puis par un procédé d'extraction capable de localiser quatre points coplanaires. Ces derniers forment les coordonnées de notre polygone basé sur notre ligne.

Le modèle sténopé permet de connaitre le centre de projection O et le plan image L à une distance f à partir de O. Les axes O_x et O_y pointant vers les lignes et les colonnes de notre capteur visuel, l'axe O_z pointe vers l'axe optique. Les vecteur unitaires sur chaque axe sont $\vec{i}, \vec{j}$ et $\vec{k}$ dans le référentiel du monde $R_c = (O, \vec{i}, \vec{j}, \vec{k})$ et le référentiel du plan image $R_s = (P, \vec{i}, \vec{j})$.

Dans le plan image M à une distance Z_A du centre de projection O on a un polygone à quatre sommets nommés A, B, C, D. Dans le référentiel R_o, un point A de référence est positionné sur l'objet et on peut écrire $R_o = (A, U, V, W)$. Chaque point a des coordonnées dans le référentiel du monde $B = (U_B, V_B, W_B), C = (U_C, V_C, W_C)$ et $D = (U_D, V_D, W_D)$, qui se projettent sur les points images a, b, c, d de coordonnées connues $p_i = (x_i, y_i) \forall i = A, B, C, D$ dans le plan image. Les coordonnées

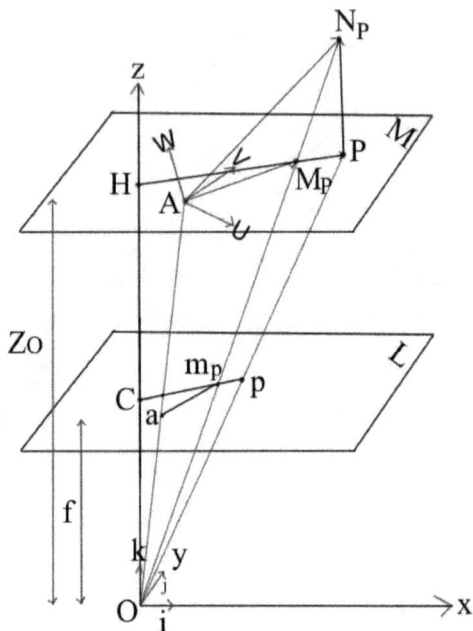

FIGURE 7.33 – Projection en perspective m_P et projection orthographique p, à partir d'un point objet N_P et le point de référence A.

tri-dimensionnelles (X_i, Y_i, Z_i) des points A, B, C, D restent inconnues, car la position de l'objet sur les référentiel de la caméra est inconnue. La profondeur Z_i des points, n'est pas différente car ils sont dans le même plan. D'autre part, les coordonnées (x_i', y_i') des points p_i', sont les projections orthographiques à l'échelle des sommets $P \in [B, C, D]$ et se définissent comme N_P. En connaissant la hauteur de la ligne ℓ et la distance focale f, on peut calculer la distance Z_A, grâce aux propriétés du triangle.

Considérons les points A et N_P (voir figure 7.33) de l'objet et le plan M parallèle au plan image L à travers le point de référence A. La ligne de vue N_P croise le plan M en M_P et N_P se projette sur le plan M en P. Le vecteur $\vec{AN}_P$ est égal à :

$$\vec{AN}_P = \vec{AM}_P + \vec{M}_P\vec{P} + P\vec{N}_P \qquad (7.49)$$

Le vecteur $\vec{AM}_P$ et son image $a\vec{m}_P$ sont proportionnels au ratio $\frac{Z_A}{f}$. Également, les vecteurs $\vec{M_P P}$ et $\vec{Cm_P}$ sont proportionnels aux triangles similaires $Cm_P O$ et $M_P P N_P$ avec un ratio égal au ratio de la coordonnée z des autres vecteurs qui forment les triangles $\vec{PN_P}$ et $\vec{OC}$. Ce ratio est égal à $\vec{PN_P} \cdot \frac{\vec{k}}{f}$. La somme des trois vecteurs s'écrit :

$$\vec{AN_P} = \frac{Z_A}{f}\vec{am_P} + \vec{PN_P} \cdot \frac{\vec{k}}{f}\vec{Cm_P} + \vec{PN_P} \qquad (7.50)$$

avec le produit vectoriel $\vec{PN_P} \cdot \vec{i} = 0$, le produit vectoriel $\vec{am_P} \cdot \vec{i}$ représente la coordonnée x de $x_P - x_A$ du vecteur $\vec{x_A x_P}$ et le produit vectoriel $\vec{Cm_P} \cdot \vec{i}$ représente la coordonnée x_P de $\vec{Cm_P}$. On définit $\beta_P = \frac{1}{Z_A}\vec{AP} \cdot R_3$ comme la coordonnée z du vecteur $\vec{AP}$ et $R_3 = R_1 \times R_2$, où R_j représente la j−ème ligne de la matrice de rotation $\mathbf{R}$. En remplaçant on a :

$$\vec{AP} \cdot \frac{f}{Z_A}R_1 = x_P(1 + \beta_P) - x_A \qquad (7.51)$$

de la même façon, on obtient :

$$\vec{AP} \cdot \frac{f}{Z_A}R_2 = y_P(1 + \beta_P) - y_A \qquad (7.52)$$

en considérant le produit vectoriel (7.50) avec le vecteur unitaire $\vec{j}$.

Si on considère les points A et N_P, comme montré la figure 7.33, nous avons que la projection P de N_P dans le plan M et son image p'_P a les coordonnées (x'_P, y'_P). En considérant la projection orthographique du vecteur $\vec{AN_P}$, on a :

$$\vec{AN_P} = \vec{AP} + \vec{PN_P} \qquad (7.53)$$

Le vecteur $\vec{AP}$ et son image $\vec{ap_P}$, sont proportionnels au ratio $\frac{Z_A}{f}$. Par conséquent,

$$\vec{AN_P} = \frac{Z_A}{f}\vec{ap_P} + \vec{PN_P} \qquad (7.54)$$

où le produit vectoriel $\vec{PN_P} \cdot \vec{i} = 0$ et le produit vectoriel $\vec{ap_P} \cdot \vec{i}$ est la coordonnée x de la soustraction $x'_P - x_A$, du vecteur $\vec{ap_P}$. On a :

$$\vec{AP} \cdot \frac{f}{Z_A}R_1 = x'_P - x_A \qquad (7.55)$$

$$\vec{AP} \cdot \frac{f}{Z_A}R_2 = y'_P - y_A \qquad (7.56)$$

Les coordonnées de p_P s'écrivent de la façon suivante :

$$x'_P = x_P(1 + \beta_P) \qquad (7.57)$$

$$y'_P = y_P(1 + \beta_P) \qquad (7.58)$$

$$\qquad (7.59)$$

En sachant que les points A, B, C, D sont coplanaires, la propriété $R_1 \cdot R_2 = 0$ peut être utilisée. Le vecteur de translation $\mathbf{T}$ présente la même direction que le vecteur OA, entre le centre de projection O et le point de référence A. L'image A correspond au point a dans l'image, donc $\mathbf{T}$ est aligné avec le vecteur Oa, égal à $(\frac{Z_A}{f})Oa$. Alors on obtient :

$$X_A = \frac{Z_A}{f} x_A \tag{7.60}$$

$$Y_A = \frac{Z_A}{f} y_A \tag{7.61}$$

7.5.2   Expériences

Afin de valider les algorithmes proposés, on a initialisé les valeurs des positions désirées, la distance désirée entre le quadrirotor et la ligne est $Y_d = 130$ cm. Cette valeur doit rester constante pendant toute la durée des expériences. L'altitude désirée est égale à $Z_d = 80$ cm pour déplacer l'aéronef en suivant la cible, on a utilisé un déplacement variable de gauche à droite et vice versa entre 0 cm et 230 cm. Une variable booléenne permet de connaître la direction du déplacement.

Pour estimer la vitesse de déplacement, l'algorithme de Lucas-Kanade [Bouguet 1999] a été utilisé.

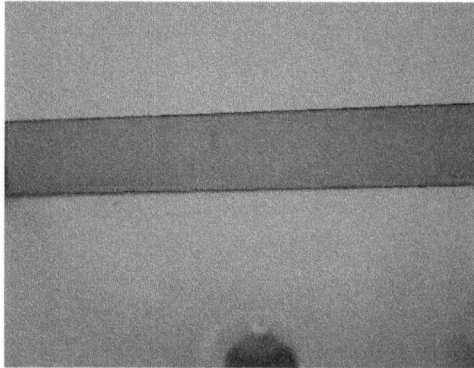

FIGURE 7.34 – Image prise par la caméra frontale, avec les 4 sommets.

L'algorithme proposé traite les images de taille 640×480 pixels. Le traitement est achevé dans une station sol.

7.5.3   Résultats

Les gains de commande ont été ajustés pour obtenir une réponse acceptable du système et pour avoir une réponse rapide en évitant autant que possible les

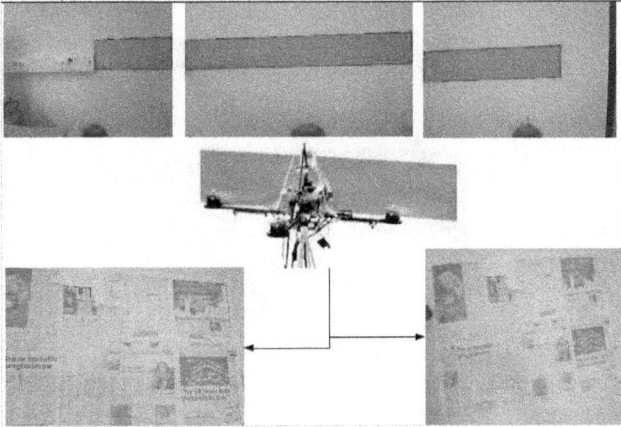

FIGURE 7.35 – Image du quadrirotor en suivant la ligne. Les images en haut sont les entrées de l'algorithme de position. Les images en bas sont les entrées de l'algorithme d'estimation de vitesse.

oscillations. Les valeurs sont montrées dans le tableau 7.4.

Paramètre	Valeur	Paramètre	Valeur
$a_{\psi 1}$	0.13	a_{z1}	2.5
$a_{\psi 2}$	2.0	a_{z2}	1.6
$k_{\theta 4}$	0.23	$k_{\theta 2}$	1.3
$k_{\theta 3}$	1.5	$k_{\theta 1}$	1.2
$k_{\phi 4}$	0.5	$k_{\phi 2}$	0.3
$k_{\phi 3}$	1	$k_{\phi 1}$	1.8
$\sigma_{\phi 4}$	35	$\sigma_{\theta 4}$	35
$\sigma_{\phi 3}$	30	$\sigma_{\theta 3}$	25
$\sigma_{\phi 2}$	20	$\sigma_{\theta 2}$	20
$\sigma_{\phi 1}$	18	$\sigma_{\theta 1}$	15

TABLE 7.4 – Valeurs des paramètres

La figure 7.36 introduit la trajectoire suivie par le quadrirotor, sur l'axe longitudinal de l'hélicoptère à quatre rotors, on observe que le quadrirotor se déplace à partir d'une position initiale 0 cm à une position finale 230 cm. La figure 7.37 montre le déplacement du quadrirotor sur son axe latéral, on observe que le quadrirotor reste proche de la position désirée égale à 130 cm. La figure 7.38 présente l'altitude estimée du quadrirotor en utilisant les points de fuite. Le quadrirotor reste proche de la position désirée 130 cm, on observe que le quadrirotor est descendu jusqu'à 100 cm à cause des câbles attachés à la caméra web.

Les variations de l'estimation sont dues aux changements de luminosité lorsque le quadrirotor effectue son déplacement. Cependant la loi de commande proposée donne une bonne performance en vol stationnaire. La performance a été prouvée en stabilisant tous les angles et déplacements au point d'équilibre zéro et ensuite un déplacement en suivant la trajectoire souhaitée.

Les figures 7.39 et 7.40 montrent l'estimation de la vitesse du quadrirotor, en utilisant l'algorithme de flux-optique appliqué aux images de la caméra qui regarde vers le sol. Dans les figures $\dot{y}$ représente le déplacement du quadrirotor sur l'axe y et $\dot{x}$, le déplacement sur l'axe x.

7.5.4 Conclusion

Nous avons conçu un algorithme de vision et de commande pour le suivi de trajectoires. L'algorithme de vision développé estime la position du quadrirotor en utilisant les points de fuite de l'image, ces informations sont utilisées pour le suivi de trajectoires. Les résultat expérimentaux en temps réel montrent la performance des algorithmes de vision et de commande pour le suivi de trajectoires.

7.6 Conclusions

L'étude décrite dans ce chapitre met en évidence l'intérêt de la collaboration entre roboticiens et aérodynamiciens pour aborder le problème de commande des drones. Dans un premier temps, nous avons décrit les caractéristiques de nos différentes plateformes expérimentales et la mise en oeuvre de tous les composants électriques et électroniques. Nous avons également décrit comment un hélicoptère à huit-rotors peut se positionner par rapport à un cible sous contrôle visuel en utilisant un système stéréoscopique. Puis, nous avons décrit comment un quadrirotor peut rester stable en vol autonome sous contrôle visuel d'une cible. La faisabilité d'un suivi de trajectoires par un quadrirotor basé sur les points de fuite a été montré. Dans un deuxième temps, en utilisant un modèle dynamique simplifié du quadrirotor, nous avons mise en oeuvre différents systèmes de vision et de commande qui ont été testés dans des expériences en temps réel. Les résultats ont montré l'efficacité et la bonne exécution de nos systèmes. En effet, les résultats expérimentaux ont montré que les systèmes de vision et de commande proposés peuvent s'exécuter de façon autonome, ce qui est très satisfaisant et répond à nos objectifs initialement fixés.

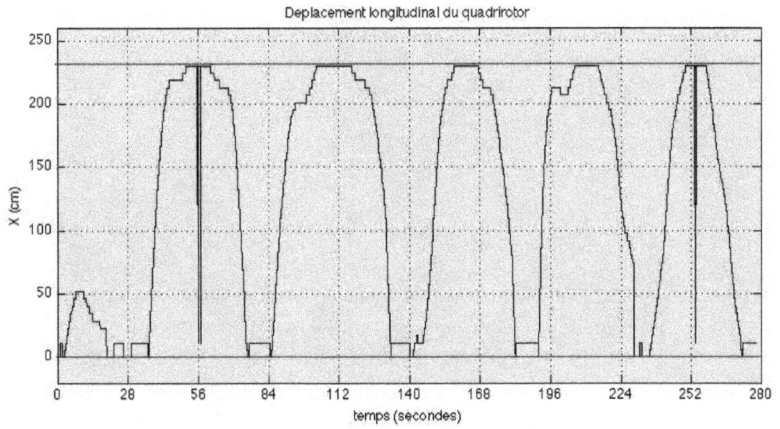

FIGURE 7.36 – Position longitudinale du quadrirotor (centimètres) au cours du temps (secondes).

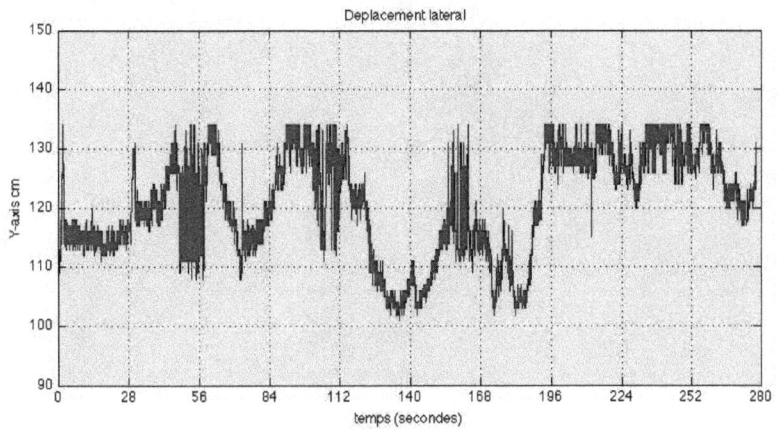

FIGURE 7.37 – Position latérale du quadrirotor (centimètres) au cours du temps (secondes).

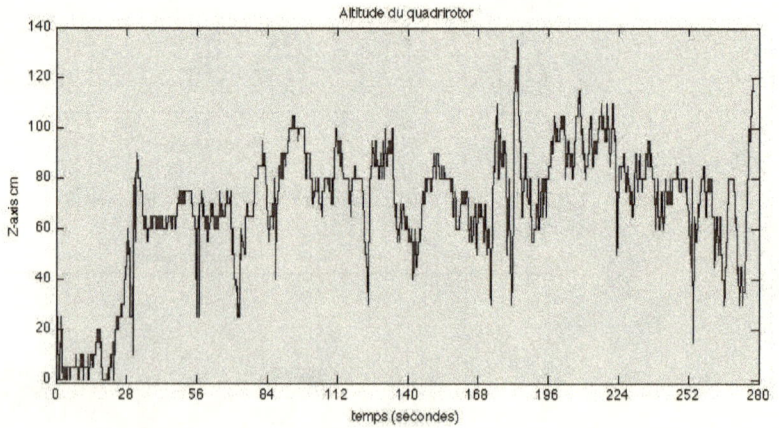

FIGURE 7.38 – Altitude du quadrirotor.

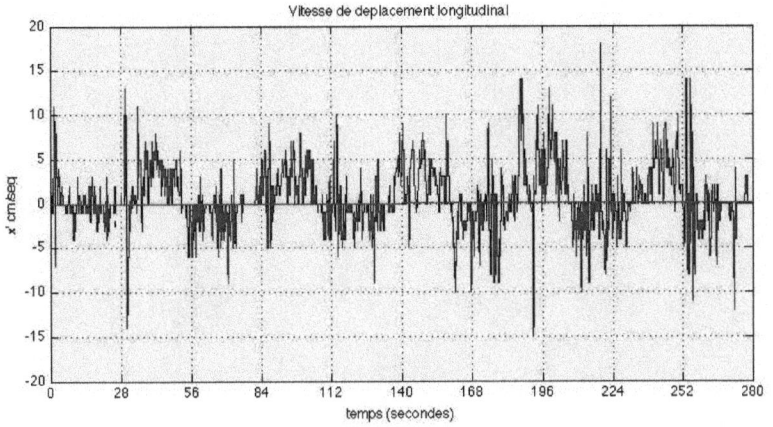

FIGURE 7.39 – Vitesse longitudinale du quadrirotor.

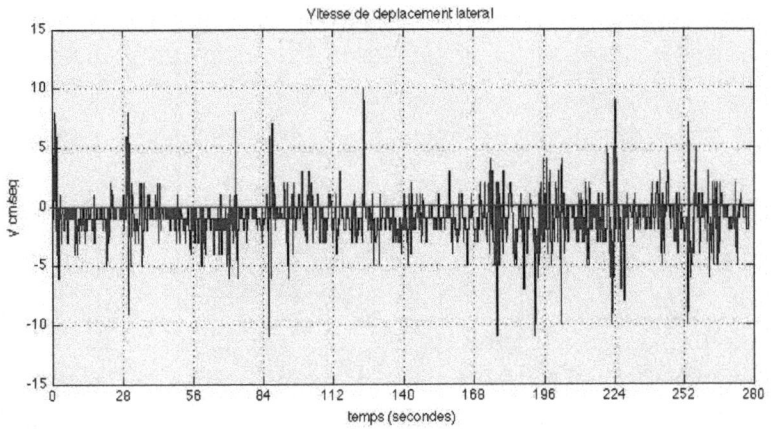

FIGURE 7.40 – Vitesse latérale du quadrirotor.

Conclusions et perspectives

Ce travail de thèse m'a permis de m'impliquer dans plusieurs disciplines dont la complémentarité a permis d'atteindre les objectifs fixés. Ces disciplines qui sont la commande, l'électronique, l'informatique et l'aéronautique m'ont permis de réaliser une architecture informatique pour la gestion de la lecture des capteurs visuels, la communication entre le véhicule et la station au sol et le calcul de la loi de commande. L'objectif de mon travail de thèse a consisté à mettre en oeuvre des techniques de commande par asservissement visuel dans le cadre particulier des véhicules aériens miniatures du type quadrirotor que j'ai construit. J'ai conçu des lois de commande qui prennent en compte les informations visuelles obtenues par différents systèmes de vision et nous avons montré leurs performances dans le cadre d'expérimentations en temps réel.

8.1 Asservissement visuel d'un quadrirotor

8.1.1 Contributions

À partir d'un modèle non linéaire du comportement du quadrirotor, nous avons obtenu un modèle linéarisé découplant les mouvements latéraux (dans le plan horizontal) des mouvements longitudinaux (dans le plan vertical). Nous avons alors proposé des lois de commande pour la commande latérale et pour la commande longitudinale, en tenant compte du modèle d'état d'un véhicule à huit rotors en intégrant les informations visuelles choisies.

Concernant la localisation d'un véhicule aérien, nous avons proposé un système de vision stéréoscopique avec deux caméras capable d'estimer sa position en utilisant une cible. Ce système utilise les paramètres intrinsèques et extrinsèques de chaque caméra afin de réaliser une reconstruction tri-dimensionnelle sans ambiguïté, c'est-à-dire, en coordonnées absolues. Nous nous sommes servis de la géométrie épipolaire et de techniques de traitement d'images pour obtenir un algorithme robuste capable à travailler à différents degrés d'illumination. Notre système de vision est formé de deux caméras web, chacune réalise un algorithme de détection de bords pour trouver un point vu par les caméras et ensuite, effectuer une reconstruction tri-dimensionnelle de ce point, une autre caméra sans fil attachée au drone identifie les vecteurs de déplacement de chaque points d'intérêt sur l'image prise, en utilisant le flux-optique.

Pour l'asservissement visuel d'un quadrirotor, nous avons utilisé un capteur visuel afin d'obtenir la position de la caméra ainsi que la vitesse de déplacement d'un point d'intérêt, en prenant en compte le temps du microprocesseur de la station au sol. L'algorithme utilise un filtre de couleur pour repérer er trouver le point central de la cible. Ce dernier permettra d'obtenir les coordonnées tri-dimensionnelles de la caméra en utilisant la propriété de projection ainsi que ses paramètres intrinsèques. Notre quadrirotor a une centrale inertielle fabriquée dans notre laboratoire.

En utilisant notre système embarqué, un autre système proposé utilise deux caméras web comme capteur visuel. Chaque caméra exécute des algorithmes différents. D'une part, nous avons une caméra embarquée orientée vers l'avant de l'aéronef. Nous avons utilisé les informations visuelles sur la cible, ensuite nous enlevons les distorsions projectives et affines de l'image et nous traitons les angles et les lignes dans le monde réel. D'autre part, la caméra qui regarde vers le sol, fait un traitement d'images à partir des points d'intérêts ce qui nous permet de trouver le vecteur de déplacement du quadrirotor. Pour la commande latérale, nous avons utilisé un modèle simplifié reposant sur une cascade d'intégrateurs.

Ce même système a permis de proposer un algorithme capable de trouver la position de la caméra à travers une ligne. Le quadrirotor a une stratégie de commande pour le suivi de trajectoires. Grâce à la position de la caméra en utilisant les points de fuite de la ligne, notre stratégie de commande a été capable de faire parcourir le quadrirotor en suivant une ligne horizontale. Nous proposons également des consignes sous forme de trajectoires à suivre. L'image de la ligne dans le plan image, lorsque le quadrirotor est à la position désirée, permet de calculer la trajectoire désirée pour les informations visuelles.

Dans notre étude, nous avons considéré les sorties des algorithmes de traitement d'images en temps réel. Enfin, nous nous sommes intéressés à la position de la caméra embarquée sur le quadrirotor qui nous a permis de trouver la position tri-dimensionnelle du quadrirotor.

Les méthodes utilisées montrent des résultats acceptables pour l'estimation de la localisation de l'engin volant. Cependant, la vitesse de traitement d'images pour les caméras web n'est pas encore suffisante pour effectuer la commande du drone uniquement avec le système de vision. Pour avoir un système de positionnement et de stabilisation complète, nous avons utilisé la fusion des estimation effectuées par le système de vision utilisant différentes configurations ainsi que les mesures obtenues de la centrale inertielle.

Les schémas de commande proposés ont été mis en oeuvre sur le système embarqué du quadrirotor. Les lois de commande utilisent les mesures tri-dimensionnelles estimées par les capteurs visuels. Les erreurs obtenues lorsque le quadrirotor se stabilise en vol stationnaire permettent également de discuter les performances et les limites des schémas de commande proposés. Ces schémas que nous avons testé en temps réel ont donné des résultats assez satisfaisants compte tenu des hypothèses réalisées.

Finalement, nous voulons rappeler que pour la réalisation d'un engin volant autonome, la recherche de lois de commande simples est nécessaire, car elle constitue un impératif dans un système où la capacité de calcul embarqué est limitée.

8.2 Perspectives

Suite au travail de thèse réalisé, il existe plusieurs axes de recherche qui devront être étudiés en détail. Ces perspectives pour les futurs travaux dans ce domaine font face aux défis de l'augmentation de la vitesse de traitement d'image et du développement des systèmes embarquées de vision dédiés en utilisant des systèmes numériques de traitement de données. Nous envisageons d'utiliser les techniques de vision développées dans un système embarqué et utiliser notre système de vision embarqué pour éviter les obstacles en vol autonome.

D'autre part, il faudrait développer des drones pouvant évoluer en milieu urbain en utilisant des systèmes de vision comme celui développé dans cette thèse.

Dans notre équipe de travail, nous nous sommes aussi intéressés à la répétition des expériences décrites, en utilisant deux quadrirotors en vol en formation, afin de proposer des nouveaux systèmes de vision et de commande capables de réaliser la surveillance de bâtiments de manière autonome.

Liste de publications

Sommaire

Mes résultats ont été diffusés au travers de publications scientifiques internationales et ont été présentés dans différents congrès internationaux. La rédaction de deux chapitres de livre a également contribué à la visibilité de mes travaux.

9.1 Chapitres de livre

1. *J.E. Gomez-Balderas, J.A. Guerrero, S. Salazar, R. Lozano* «Quadrotor Vision Based Control». UAV Flight Formation Control. Guerrero and Lozano. Soumis, Wiley et Sons, 2011.

2. *H. Romero, S. Salazar, J.E. Gomez-Balderas, R. Lozano* «Real-time Stereo Visual Servoing Control of an Eight-Rotor Rotorcraft». Unmanned Aerial Vehicles Embedded Control. Wiley et Sons. ISBN-10 : 1848211279, ISBN-13 : 978-1848211278 WILEY, 2010.

9.2 Conférences internationales avec comité de lecture

1. *J.E. Gomez-Balderas, P. Castillo, J.A. Guerrero, R. Lozano* «Vision Based Tracking for a Mini-Rotorcraft Using Vanishing Points». IFAC 2011, Milan, Italie.

2. *J.E. Gomez-Balderas, P. Castillo, J.A. Guerrero, R. Lozano* «Vision Based Tracking for a Quadrotor Using Vanishing Points». International Conference of Unmanned Aircraft Systems, 2011, Denver CO, USA.

3. *J.E. Gomez-Balderas, S. Salazar, J.A. Guerrero, R. Lozano* «Vision Based Autonomous Hover of a Mini-rotorcraft» article accepté en 2010 Unmanned Aerial Vehicles Symposium, Dubai, juin 2010.

4. *H. Romero, S. Salazar, R. Lozano, J.E. Gomez-Balderas* «Real-time Stereo
   Visual Servoing Control of an Eight-Rotors Rotorcraft» article accepté à 6th
   International Conference on Electrical Engineering, Computing Science and
   Automatic Control. Toluca, Mexique, juin 2009.

9.3   Revues internationales

1. *J.E. Gomez-Balderas, P. Castillo, J.A. Guerrero, R. Lozano* «Vision Based
   Tracking for a Quadrotor Using Vanishing Points». Article publié- Journal of
   Intelligent and Robotic Systems. DOI 10.1007/s10846-011-9638-5. Springer,
   septembre 2011.

Bibliographie

[Altug 2003] E. Altug, J. Ostrowski et C. Taylor. *Quadrotor control using dual t [s] camera visual feedback.* IEEE International Conference on Robotic and Automation., vol. 3, pages 4294–4299, 2003. 10

[Altug 2005] E. Altug, J. P. Ostrowski et C. J. Taylor. *Control of a quadrotor helicopter using dual camera visual feedback.* International Journal of Robotics Research, vol. 24, no. 5, pages 329–341, 2005. 11

[Amidi 1996] Omead Amidi. *An Autonomous Vision-Guided Helicopter.* PhD thesis, Robotics Institute, Carnegie Mellon University, Pittsburgh, PA, 1996. 11

[Amidi 1999] O. Amidi, T. Kanade et K. Fujita. *A visual odometer for autonomous helicopter flight.* Robotics and Autonomous Systems, vol. 28, pages 185–193, 1999. 11

[Andrew 2004] Howard Andrew, F. Wolf Denis et S. Sukhatme Gaurav. *Towards 3d mapping in large urban environments.* International Conference on Intelligent Robots and Systems, pages 419–424, 2004. 11

[Arbter 1998] K. Arbter, J. Langwald, G. Hirzinger, G. Wei et P. Wunsch. *Proven techniques for robust visual servo control.* Proceedings of the IEEE International Conference on Robotics and Automation, ICRA'98, Workshop WS2, pages 1–13, 1998. 10

[Ballard 1981] D. Ballard. *Generalizing the Hough transform to detect arbitrary shapes.* Pattern Recognition, vol. 13, no. 2, pages 111–112, 1981. 10

[Barrows 2000] G.L. Barrows et C. Neely. *Mixed-mode vlsi optic flow sensor for in-flight control of a micro air vehicle.* Critical Technologies for the Future of Computing, SPIE, vol. 4109, pages 52–63, 2000. 11

[Barrows 2003] G.L. Barrows, J.S. Chahl et M.V. Srinivasan. *Biomimetic visual sensing and flight control.* The Aeronautical Journal, London : The Royal Aeronautical Society., vol. 107, no. 1069, pages 159–168, 2003. 11

[Basri 1998] R. Basri, E. Rivlin et I. Shimsoni. *Visual homing : Surfing on the epipoles.* IEEE International Conference on Computer Vision, ICCV'98, pages 863–869, 1998. 10

[Bazin 2008] Jean Charles Bazin, In So Kweon, Cédric Demonceaux et Pascal Vasseur. *Improvement of Features Matching in Catadioptric Images Using Gyroscope Data.* 19th IAPR International Conference on Pattern Recognition, 2008. 11

[Beji 2003] L. Beji, A. Abichou et Y. Bestaoui. *Position and attitude control of an under-actuated airship.* International Journal of Differential Equations and Applications, vol. 8, no. 3, pages 231–256, 2003. 10

[Bestaoui 2005] Y. Bestaoui, L. Beji et A. Abichou. Modelling and control of small autonomous airships. In Modelling and control of mini flying machines. Springer-Verlag, July 2005., 2005. 10

[Blake 1998] A. Blake et M. Isard. Active contours. Springer Verlag, London, U.K., 1998. 10

[Bouabdallah 2004] S. Bouabdallah, P. Murrieri et R. Siegwart. *Design and control of an indoor micro quadrotor.* Proc. of the International Conference on Robotics and Automation, vol. 5, pages 4393–4398, 2004. 10

[Bouguet 1999] Jean-Yves Bouguet. *Pyramidal Implementation of the Lucas Kanade Feature Tracker Description of the algorithm.* Rapport technique, Intel Corporation. Technical Report., 1999. 102, 106, 125, 140

[Brandt 1994] S. Brandt, C. Smith et N. Papanikolopoulos. *The Minesota robotic visual tracker : A flexible testbed for vision-guided robotic research.* Proceedings of the IEEE International Conference on Systems, Man, and Cybernetics, "Humans, Information and Technology, vol. 2, pages 1363–1368, 1994. 10

[Brassart 2000] Eric Brassart, Claude Pegard et Mustapha Mouaddib. *Localization using infrared beacons.* Robotica, vol. 18, pages 153–161, 2000. 10

[Braud 1994] P. Braud, M. Dhome, J. Laprest et N. Daucher. *Modelled object pose estimation and tracking by a multicameras system.* Proceedings of the IEEE Computer Society Conference on Computer Vision and Pattern Recognition, pages 976–979, 1994. 10

[Buskey 2001] G. Buskey, G. Wyeth et J. Roberts. *Autonomous helicopter hover using an artificial neural network.* IEEE International Conference on Robotics and Automation, vol. 2, pages 1635–1640, 2001. 11

[Canny 1986] John Canny. *A computational approach to edge detection.* Pattern Analysis and Machine Intelligence, IEEE Transactions on, vol. 8, no. 6, pages 679–698, 1986. 108, 116

[Castillo 2004] P. Castillo, A. Dzul et R. Lozano. *Real-time stabilization and tracking of a four-rotor mini rotorcraft.* IEEE Transactions on Control Systems Technology, vol. 12, no. 4, pages 510–516, 2004. 10

[Castillo 2005a] P. Castillo, R. Lozano et A. Dzul. Modelling and control of mini-flying machines (advances in industrial con- trol). Springer Verlag, London, U.K., 2005. 10, 73, 84, 85

[Castillo 2005b] P. Castillo, R. Lozano et A. Dzul. *Stabilization of a mini rotorcraft with four rotors.* IEEE Control Systems Magazine, pages 45–55, 2005. 10

[Corke 1996] P.I. Corke. Visual control of robots : High performance visual servoing. Mechatronics. Research Studies Press LTD, Mechatronics, 1996. 9

[Couvignou 1993] P. Couvignou, N. Papanikolopoulos et P. Khosla. *On the use of snakes for 3D robotic visual tracking.* Proceedings of the Computer Society

Conference on Computer Vision and Pattern Recognition, CVPR'93, pages 750–751, 1993. 10

[Crowley 1995] J. Crowley et J. Coutaz. *Vision for man machine interaction.* Proceedings of the International Conference on Engineering for Human-Computer Interaction, EHCI'95, 1995. 10

[DeMenthon 1995] D. DeMenthon et L. Davis. *Model-based object pose in 25 lines of code.* International Journal of Computer Vision, vol. 15, pages 123–141, 1995. 10

[Drummond 1999] T. Drummond et R. Cipolla. *Real-time tracking of complex structures with on-line camera calibration.* Proceedings of the British Machine Vision Conference, BMVC'99', vol. 2, pages 574–583, 1999. 10

[Escareno 2006] J. Escareno, S. Salazar-Cruz et R. Lozano. *Embedded control of a four-rotor UAV.* Proc. of the American Control Conference, Minneapolis, pages 3936–3941, 2006. 10

[Escareno 2008] Juan Escareno. *Conception, modélisation et commande d;un drone convertible.* PhD thesis, Université de Technologie de Compiègne, Avril 2008. 10

[Etkin 1994] Bernard Etkin. Dynamics of flight :stability and control. John Wiley and Sons (WIE), 1994. 64

[Ettinger 2002] S. M. Ettinger, M. C. Nechyba, P. G. Ifju et M. Waszak. *Vision-guided flight stability and control for micro air vehicles.* International Conference on Intelligent Robots and Systems, pages 2134–2140, 2002. 11

[Faugeras 1993] O. Faugeras. Three-dimensional computer vision : A geometric view-point. The MIT Press, 1993. 10

[Fischler 1981] M. Fischler et R. Bolles. *Random sample concensus : A paradigm for model fitting with applications to image analysis and automated cartography.* Comm. ACM, vol. 24, pages 381–395, 1981. 10

[Fusiello 2000] A. Fusiello, E. Trucco et A. Verri. *A compact algorithm for rectification of stereo pairs.* Machine Vision and Applications, vol. 12, no. 1, 2000. 104

[Goldstein 1980] H. Goldstein. Classical mechanics. Addison Wesley, 1980. 62, 64

[Green 2004] W.E. Green, P.Y. Oh et G.L. Barrows. *Flying insect inspired vision for autonomous aerial robot maneuvers in near-earth environments.* Proc. IEEE International Conference on Robotics and Automation, vol. 3, pages 2347–2352, 2004. 11

[Hager 69] G. Hager et K. Toyama. *The XVision system : A general–purpose substrate for portable real–time vision applications.* Computer Vision and Image Understanding, vol. 1, no. 69, pages 23–37, 69. 10

[Harris 1988] C. Harris et M. Stephens. *A combined corner and edge detector.* Proceedings of the 4th Alvey Vision Conference., pages 147–151, 1988. 107

[Hartley 1992] R. I. Hartley. *Estimation of relative camera positions for uncalibrated cameras*. Proc. European Conference on Computer Vision, LNCS 588, pages 579–587, 1992. 42

[Hollinghurst 1997] N. Hollinghurst. *Uncalibrated Stereo and Hand-Eye Coordination*. PhD thesis, Trinity Hall, Department of Engineering, University of Cambridge, 1997. 10

[Horaud 1989] R. Horaud, B. Conio et O. Leboulleux. *An analytical solution for the perspective 4 point problem*. Computer Vision, Graphics and Image Processing, vol. 47, pages 33–44, 1989. 10

[Hough 1962] P. Hough. *A method and means for recognizing complex patterns,*. U.S. Patent, no. 3 069 654, 1962. 10

[Illingworth 1988] J. Illingworth et J. Kittler. *A survey of the Hough transform*. Computer Vision, Graphics and Image Processing, vol. 44, 1988. 10

[Julesz 1972] B. Julesz. *Cyclopean Perception and Neurophysiology*. Investigative Ophthalmology, pages 540–548, 1972. 8

[Kass 1987] M. Kass, A. Witkin et D. Terzopoulos. *Snakes : Active contour models*. International Journal of Computer Vision, vol. 1, no. 4, pages 321–331, 1987. 10

[Kragic 1999] D. Kragic et H. Christensen. *Integration of visual cues for active tracking of an end-effector*. Proceedings of the IEEE/RSJ International Conference on Intelligent Robots and Systems, IROS'99, vol. 1, pages 362–368, 1999. 10

[Longuet-Higgins 1981] H. Longuet-Higgins. *A computer algorithm for reconstructing a scene from two projections*. Nature, vol. 293, pages 133–135, 1981. 10, 42

[Lowe 1992] D. Lowe. *Robust model–based motion tracking through the integration of search and estimation*. International Journal of Computer Vision, vol. 8, pages 113–122, 1992. 10

[Lucas 1981] B. D. Lucas et T. Kanade. *An iterative image registration technique with an application to stereo vision*. Proceedings of Imaging Understanding Workshop, pages 121–130, 1981. 106

[Luong 1996] Q.-T. Luong et O. Faugeras. *The fundamental matrix : Theory, algorithms and stability analysis*. International Journal of Computer Vision, vol. 17, pages 43–75, 1996. 10, 40

[Marr 1976] D. Marr et T. Poggio. *Cooperative computation od stereo disparity*. Science, vol. 194, pages 283–287, 1976. 8

[Marr 1977] D. Marr et T. Poggio. *A Theory of Human Stereo Vision"*. Artificial Intelligence Memo, no. 451, 1977. 8

[Matthies 1986] Larry Matthies et Steven A. Shafer. *Error modeling in stereo navtgation*. ACM '86 : Proceedings of 1986 ACM Fall joint computer conference, pages 114–123, 1986. 11

[Matthies 1996] L. Matthies, A. Kelly, T. Litwin et G. Tharp. *Obstacle detection for unmanned ground vehicles : A progress report*. International Symposium on Robotics Research, pages 475–486, 1996. 11

[Mejias 2006] L. O. Mejias, S. Saripalli, P. Cervera et G. S. Sukhatme. *Visual servoing of an autonomous helicopter in urban areas using feature tracking*. Journal of Field Robotics, vol. 23, no. 3, pages 185–199, 2006. 11

[Muratet 2005] L. Muratet, S. Doncieux, Y. Briere et J.-A. Meyer. *A contribution to vision-based au- tonomous helicopter flight in urban environments*. Robotics and Autonomous Systems, vol. 50, no. 4, pages 195–209, 2005. 11

[Papanikolopoulus 1992] N.P. Papanikolopoulus. *Controlled Active Vision*, 1992. 9

[Rizzi 1996] A. Rizzi et D. Koditschek. *An active visual estimator for dextrous manip- ulation*. IEEE Transactions on Robotics and Automation, vol. 12, no. 5, pages 697–713, 1996. 10

[Roberts 1965] L. Roberts. *Machine perception of three–dimensional solids*. Optical and Electroooptical Information Processing, 1965. 10

[Romero 2008] Hugo Romero. *Modélisation et asservissement visuel d'un mini hélicoptère*. PhD thesis, Université de Technologie de Compiègne, Juillet 2008. 10

[Romero 2009] H. Romero, S. Salazar et R. Lozano. *Real-time stabilization of an eight-rotor UAV using optical flow*. IEEE Transactions on Robotics, vol. 25, pages 809–817, 2009. 62, 80

[Ruf 1999] A. Ruf et R. Horaud. *Rigid and articulated motion seen with an uncalibrated stereo rig*. IEEE International Conference on Computer Vision, ICCV'99, vol. 2, no. 789-796, 1999. 10

[S. J. 1990] Maybank S. J. *Properties of essential matrices*. International Journal of Imaging Systems and Technology, vol. Volume 2,, pages 380–384, 1990. 41

[Seelinger 1998] M. Seelinger, E. Gonzalez-Galvan, M. Robinson et S. Skaar. *Towards a robotic plasma spraying operation using vision*. IEEE Robotics and Automation Magazine, vol. 5, pages 33–38, 1998. 10

[Shakernia 2002] O. Shakernia, C. S. Sharp, R. Vidal, D. H. Shim, Y. Ma et S. Sastry. *Multiple view motion estimation and control for landing an unmanned aerial vehicle*. IEEE International Conference on Robotics and Automation, pages 2793–2798, 2002. 11

[Singh 1990] S. Singh et B. Digney. *Autonomous cross-country navigation using stereo vision*. Rapport technique, technical report CMU-RITR -99-03, Robotics Institute, Carnegie Mellon University, 1990. 11

[Sinopoli 2001] Bruno Sinopoli, Mario Micheli, Gianluca Donato et T. John Koo. *Vision Based Navigation for an Unmanned Air Vehicle*. Proceedings of the IEEE International Conference on Robotics and Automation, 2001. 11

[Steven 2002] B. Steven, Mark Goldberg, W. Maimone et Larry Matthies. *Stereo vision and rover nav- igation software for planetary exploration*. IEEE Aerospace Conference, vol. 5, pages 2025–2036, 2002. 11

[Sullivan 1996] M. Sullivan et N. Papanikolopoulos. *Using active deformable models to track deformable objects in robotic visual servoing experiments.* Pro- ceedings of the IEEE International Conference on Robotics and Automation, ICRA'96, vol. 4, pages 2929–2934, 1996. 10

[Sussman 1988] H. Sussman et Y. Yang. *On the stabilizability of multiple integrators by means of bounded feedback controls.* IEEE International Conference on Decision and Control, 1988. 82, 84, 85

[Teel 1992] A. R. Teel. *Global stabilization and restricted tracking for multiple integrators with bounded controls.* Systems and Control letters, vol. 18, pages 165–171, 1992.

[Terzopoulos 1987] D. Terzopoulos. *On matching deformable models to images : Direct and iterative solutions.* Proceedings of the Topical Meeting on Machine Vi- sion, Technical Digest Series, vol. 12, pages 160–167, 1987. 10

[Tsai 1984] R. Tsai et T. Huang. *Uniqueness and estimation of three-dimensional motion parameters of rigid objects with curved surfaces.* IEEE Transations on Pattern Analysis and Machine Intelligence, vol. 6, no. 1, pages 13–27, 1984. 10

[Ullman 1979] Shimon Ullman. The interpretation of visual motion. The Massachusetts Institute of Technology, 1979. 8

[Vidal 2003] Rene Vidal, Shakernia Omid et Shankar Sastry. *Formation Control of Nonholonomic Mobile Robots with Omnidirectional Visual Servoing and Motion Segmentation.* IEEE Conference on Robotics and Automation, 2003. 10

[Vinci ecle] Leonardo Da Vinci. Trattato della pittura. XVI siecle. 8

[Viola 2001] P. Viola et M. Jones. *Rapid Object Detection using Boosted Cascade of Simple Features.* Computer Vision and Pattern Recognition, 2001. 11

[Wheatstone1 1838] Charles Wheatstone1. *Contributions to the Physiology of Vision.Part the First. On some remarkable, and hitherto unobserved, Phenomena of Binocular Vision.* Philosophical Transactions, vol. 128, no. 371-394, 1838. 8

[Wheatstone 1852] Charles Wheatstone. *Contributions to the Physiology of Vision.Part the Second. On some remarkable, and hitherto unobserved, Phenomena of Binocular Vision.* Philosophical Transactions, vol. 142, pages 1–17, 1852. 8

[Wu 2005] A. D. Wu, E. N. Johnson et A. A. Proctor. *Vision-aided inertial navigation for flight.* AIAA Guidance, Navigation and Control Conference and Exhibit, pages 1669–1681, 2005. 11

[Yoshimi 1994] B. Yoshimi et P. Allen. *Active, uncalibrated visual servoing.* Proceedings of the IEEE International Conference on Robotics and Automation, vol. 4, pages 156–161, 1994. 10

[Yu 2006] Z Yu, D. Celestino et K. Nonami. *Development of 3D vision enabled small-scale Development of 3D vision enabled small-scale autonomous helicopter.* International Conference on Intelligent Robots and Systems, pages 2912–2917, 2006. 11

[Zhang 1995] Z. Zhang, R. Deriche, O. Faugeras et Q. T. Luong. *A robust technique for matching two uncalibrated images through the recovery of the unknown epipolar geometry.* Artificial Intelligence, vol. 78, pages 87–119, 1995. 10

Localisation et commande embarquée d'un drone en utilisant la vision

Résumé :

L'asservissement visuel est une technique de commande reposant sur des mesures issues d'un capteur visuel. Dans cette thèse, nous nous intéressons à la conception d'asservissements visuels pour deux types d'engins volants : un hélicoptère de type quadrirotor et un hélicoptère à huit-rotors. Les schémas de commande proposés s'interfacent sur les boucles de commande existantes assurant la stabilisation en vol stationnaire des engins volants. Nous essayons autant que possible de spécifier le problème en terme de la localisation tri-dimensionnelle (3D) des points d'une cible. Pour cela, nous proposons des lois de commande d'asservissement visuel adaptées à la fois à la dynamique des engins considérés et reposant sur des informations visuelles de l'environnement du drone. Afin de positionner le quadrirotor par rapport à une cible visuelle, nous proposons une série de lois de commande reposant sur des informations visuelles, ayant de propriétés issues de la projection perspective.

Nous proposons un système capable d'estimer la position et la vitesse d'un quadrirotor en utilisant une caméra qui est fusionnée avec l'information fournie par les capteurs inertiels pour stabiliser l'engin volant en vol stationnaire.

Nous étudions et mettons en oeuvre une méthode de vision artificielle basée sur la vitesse de l'image prise par le capteur visuel. Il s'agit du flux-optique. En utilisant deux caméras nous proposons un système de vision capable d'estimer la position (3D) du quadrirotor par rapport à une cible et d'estimer sa vitesse de déplacement en prenant en compte le déplacement des points d'intérêts de l'image. Les deux caméras ont été embarquées sur le quadrirotor, de manière orthogonale. La caméra qui regarde vers devant obtient la position du quadrirotor, l'autre caméra qui regarde vers le sol estime la vitesse de déplacement. Cette même configuration nous a permis de réaliser le suivi d'une ligne par notre quadrirotor. Nous proposons un système qui obtient la position de la caméra en regardant une ligne grâce aux points de fuite de l'image. En conséquence nous estimons le vecteur de translation de la caméra.

La vision stéréoscopique a été étudiée et appliquée pour l'estimation de la position et de l'attitude d'un hélicoptère à huit rotors. Dans ce cas on travaille avec des points appariés dans les deux images.

Les résultats obtenus montrent une performance acceptable, par rapport aux capteurs conventionnels. Cependant, la fréquence d'échantillonnage des algorithmes de vision reste faible. Cela se traduit par une période d'échantillonnage parfois inférieure à celle nécessaire à ce type de systèmes dynamiques.

Les lois de commande et les algorithmes de vision ont été validés de façon expérimentale, en temps réel en utilisant notre plateforme de type quadrirotor.

Mots clefs :

Localisation, vision stéréoscopique, flux-optique, véhicules aériens autonomes, suivi de trajectoires.

Localisation and embedded control for an Unmanned Aerial Vehicle using vision

Abstract :
Visual servoing is a control approach based on visual information. In this thesis, visual servoing schemes are proposed to control a quadrotor and an octarotor applied to positioning and navigation task. Concerning the quadrotor we use a hierarchical control scheme whose inner-loop (fast dynamic) focuses on attitude dynamics, while outer-loop (slow dynamics) deals with translational dynamics.

Also, a nonlinear controller based on separated saturations for a quadrotor is proposed to stabilize it attitude. The linear position and velocity of the rotorcraft are obtained by using a vision-based algorithm via a monocular caméra. The dynamic model of the quadrotor is presented using the Newton-Euler formalism.

In other vision system, two cameras are used to estimate the translational position and velocity of the vehicle. Position was obtained using a frontal camera looking at a target placed on a wall. Quadrotor velocity was estimated using a camera pointing vertically downwards running an optical flow algorithm. Experimental tests showed that the quadrotor performed well at hover flight using the proposed vision based control system.

– Quadrotor vision-based
The same system was used to estimate the 3D position of the quadrotor over a trajectory using vanishing points. The performance of the vision and control algorithms has been tested in a real application by a quadrotor tracking a line painted in a wall. Similarly the velocity estimation is obtained using an optic flow algorithm. The estimated position and velocity information obtained from the vision system is combined with the angular rates and displacements of the inertial measurement unit to compute the control inputs. It has been shown that the proposed control scheme achieves the tracking objective of the visual reference.

– Octarotor vision-based
In this thesis, it is presented a visual feedback a control of an octarotor using image-based visual servoing (IBVS) with stereo vision. Autonomous control of an UAV requires a precise measurements and/or estimation of the vehicle's pose and also the knowledge of its surrounding environment. In order to control the orientation and the position of flying robot with respect to a target, we propose to use a navigation system based on binocular vision system combined with inertial sensors. This combination of sensors, allows us to get a complete characterization of the state of aerial vehicle. In other words, using the stereo vision system we are able to estimate the UAV's 3D position, while from the inertial sensors we obtain the orientation of rotorcraft. A semi-embedded navigation system combining stereo vision with inertial information is proposed.

The hierarchical control approach is appropriate to stabilize the 6DOF dynamics of the quadrotor, it takes advantage of the time scale separation between rotational (fast) and translational (slow) dynamics. For this reason, despite the lower frequency rate of vision-based measurements is able to stabilize in real-time the quadrotor translational dynamics. This combination of measurement strategies has many advantages because one works very well at low speeds (vision system) and the other at high speeds (inertial sensors). Both work at different sample rate. Taking advantage of this property we have obtained a simplified dynamical model of the rotorcraft. This model is given by six independent double integrators which have been stabilized using proportional-derivative (PD) control. The real-time experiments have shown an acceptable performance of the flying machine applying the control law and sensing system proposed.

An embedded control system for the mini rotorcraft is implemented. The control is validated by experimental tests. Experimental results show that the implementation of the control law on an embedded control system is satisfactory for autonomous hovering in indoors and outdoors with light or no wind. Real time experiences are developed to validate the performance of navigation systems proposed. This work highlights the potential of the computer vision based position control strategies for UAV.

Keywords :

Visual servoing, unmanned aerial vehicles, quadrotor, stereo vision, vision system, tracking.

www.ingramcontent.com/pod-product-compliance
Lightning Source LLC
Chambersburg PA
CBHW021051210326
41598CB00016B/1169